5 Potenzen mit reellen Exponenten

n-te Wurzel

1. **Potenzgleichungen**

   Bestimme die Lösungsmengen der Gleichungen.

$x^2 = 49$	
$x^3 = 125$	
$x^3 = -8$	
$x^4 = 81$	
$x^4 = -16$	

$x^5 = 32$	
$x^5 = -10^5$	
$x^6 = 1$	
$x^7 = 1$	
$x^8 = 0$	

2. a) Mache anhand nachstehender Abbildungen Aussagen über die Lösbarkeit und die Anzahl der Lösungen der Potenzgleichung $x^n = a \; (a \in \mathbb{R})$.

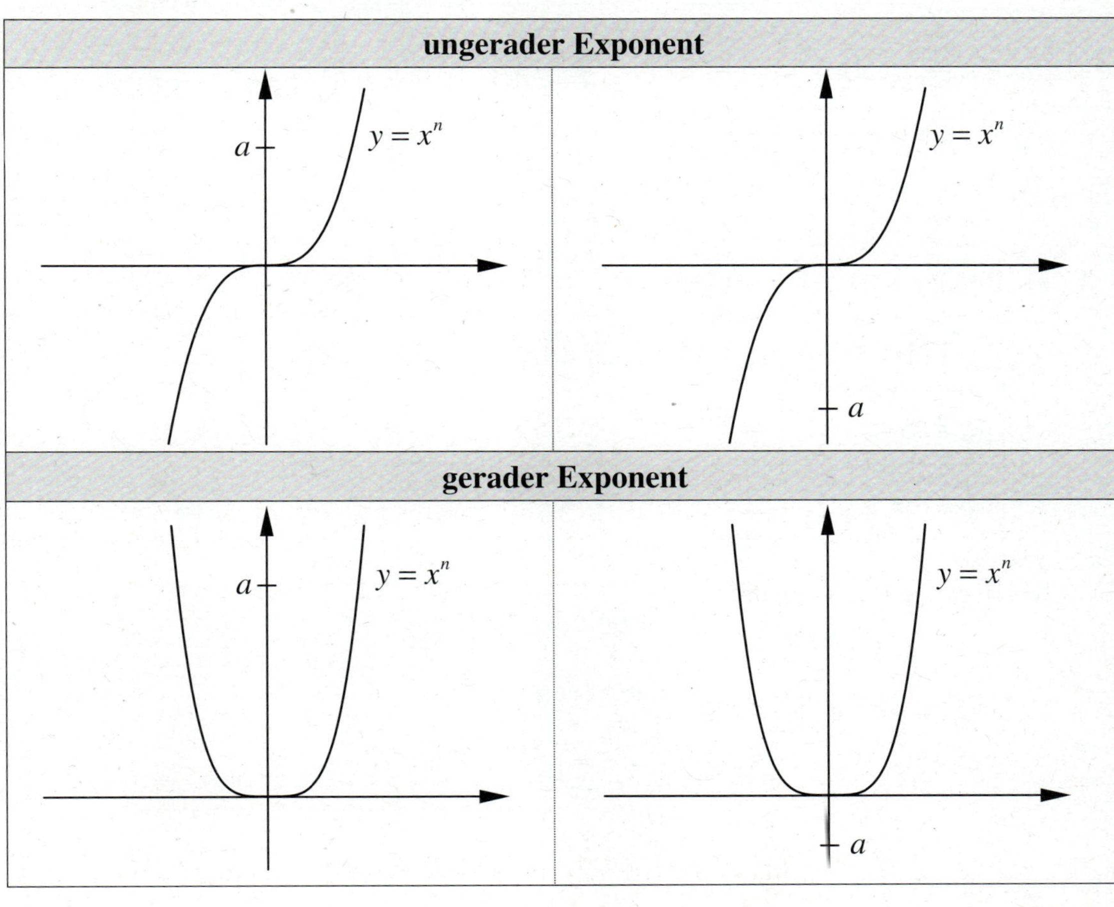

b) Welche Aussage ist für jedes $n \in \mathbb{N}^*$ richtig?

☐ Zu jedem $a \in \mathbb{R}$ gibt es $x \in \mathbb{R}$ mit $x^n = a$.

☐ Zu jedem $a \geq 0$ gibt es genau ein $x \in \mathbb{R}$ mit $x^n = a$.

☐ Zu jedem $a \geq 0$ gibt es genau ein $x \geq 0$ mit $x^n = a$.

- Sei $n \in \mathbb{N}^*$ und $a \geq 0$.

  Die nichtnegative Zahl, deren n-te Potenz gleich a ist, heißt ***n*-te Wurzel aus *a***, in Zeichen $\sqrt[n]{a}$.
- Wurzeln sind für negative Radikanden nicht definiert.

Beispiel: $\sqrt[5]{16807} = 7$, denn 7 ist nichtnegativ und $7^5 = 16807$.

3. Streiche alle falschen Aussagen durch. Begründe deine Entscheidung.

$\sqrt[10]{59049} = 3$

$\sqrt[7]{7} = 1$

$\left(\sqrt[5]{13}\right)^5 = 13$

$\sqrt[6]{27} = \sqrt{3}$

$\sqrt[4]{50625} = -15$

$\left(-\sqrt[3]{4}\right)^3 = -4$

Wegen $(-2)^3 = -8$ ist $\sqrt[3]{-8} = -2$.

4. a) Berechne.

$\sqrt[2]{121} =$	$\sqrt[5]{243} =$	$\sqrt[n]{0} =$
$\sqrt[3]{216} =$	$\sqrt[10]{1024} =$	$\sqrt[n]{1} =$
$\sqrt[4]{625} =$	$\sqrt[6]{4096} =$	$\sqrt[n]{10^n} =$

b) Ergänze und begründe.

Für alle $a \geq 0$ gilt:

- $\left(\sqrt[n]{a}\right)^n =$
- $\sqrt[n]{a^n} =$

5. **Intervallschachtelung**

a) Die Zahl $\sqrt[3]{75}$ lässt sich durch eine dezimale Intervallschachtelung einschachteln. Bestimme die ersten fünf Intervalle.

Näherung	Die 3. Potenz der Näherung ist	Intervallschachtelung für $\sqrt[3]{75}$
4	< 75	[4;5]
5	> 75	
4,2	< 75	
4,3	> 75	

b) Bestimme in deinem Heft die ersten fünf Intervalle der dezimalen Intervallschachtelung für die Zahl $\sqrt[12]{100}$.

6. **Taschenrechner**

a) Bestimme die Wurzeln mit dem Taschenrechner und runde auf vier Nachkommastellen.

$\sqrt[x]{y}$ = Wurzeltaste

EE = Eingabe der Exponenten

$\sqrt[5]{20} \approx$	$\sqrt[10]{0{,}28} \approx$	$\sqrt[4]{1+\sqrt{5}} \approx$
$\sqrt[3]{375} \approx$	$\sqrt[8]{\frac{5}{7}} \approx$	$\sqrt[11]{2{,}048 \cdot 10^{14}} \approx$

b) Betrachte die Zahlenfolge $\sqrt[n]{n}$, $n \in \mathbb{N}^*$.

- Fülle die Tabelle aus (auf vier Dezimalen runden).

n	1	2	3	4	5	10
$\sqrt[n]{n}$						

- Finde heraus, wie sich die Folgenglieder mit wachsendem n verhalten.

7. **Potenzgleichungen**

a) Bestimme die Lösungsmengen.

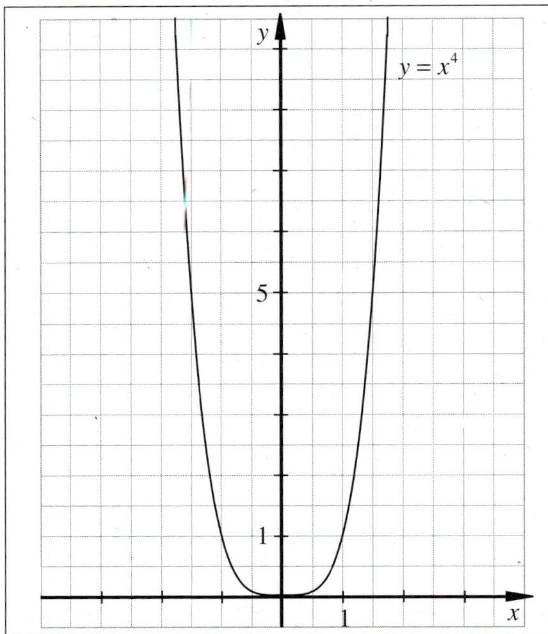

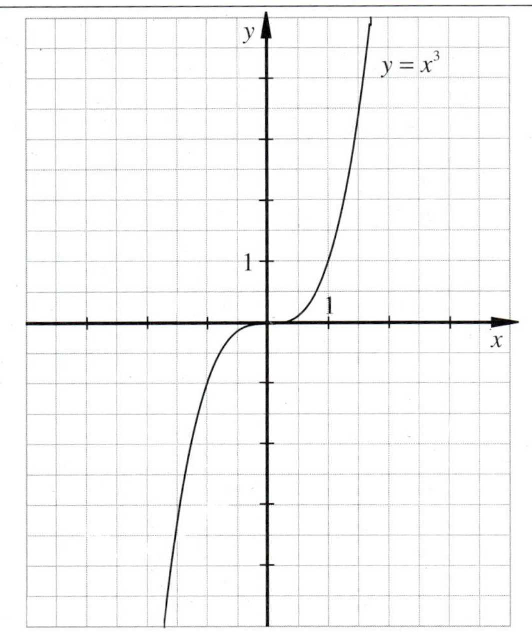

- $x^4 = 5$:
- $x^4 = -5$:
- $x^3 = 4$:
- $x^3 = -4$:

b) Gib die Äquivalenzumformungen für Potenzgleichungen an.

- Potenzgleichungen mit geraden Exponenten
- Potenzgleichungen mit ungeraden Exponenten

8. a) Bestimme die Lösungsmenge.

① $x^4 = 7$ ④ $z^3 = -64$ ⑦ $128q^7 - 1 = 0$

② $y^3 = 2$ ⑤ $r^8 - 5 = 0$ ⑧ $1 + x^6 = 7$

③ $z^6 = -64$ ⑥ $r^5 + 8 = 0$ ⑨ $(1+x)^6 = 7$

b) Ein Aluminiumwürfel hat die Masse 402 g. Berechne die Kantenlänge des Würfels.

> Dichte $\rho = \dfrac{\text{Masse } m}{\text{Volumen } V}$,
>
> Dichte von Aluminium: $\rho_{\text{Al}} = 2{,}7\,\dfrac{\text{g}}{\text{cm}^3}$.

9. Drittes Keplersches Gesetz

Das dritte Keplersche Gesetz zur Beschreibung der Planetenbahnen lautet:

Die Quadrate der Umlaufzeiten zweier Planeten verhalten sich wie die dritten Potenzen der großen Halbachsen ihrer Bahnen, kurz:

$$\frac{T_1^2}{T_2^2} = \frac{a_1^3}{a_2^3} \ .$$

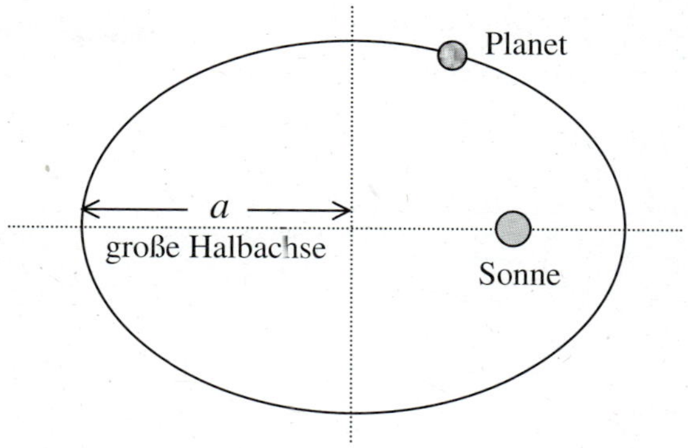

Für die Erde gilt: $T_E = 1\,\mathrm{a}$,

$a_E = 1{,}496 \cdot 10^8\,\mathrm{km}$.

a) Für den Saturn ist $a_S = 1{,}432 \cdot 10^9\,\mathrm{km}$. Berechne die Umlaufzeit des Saturn um die Sonne.

b) Für den Merkur ist $T_M = 88\,\mathrm{d}$. Berechne die große Halbachse der Merkurbahn.

Johannes Kepler, 1571-1630,
Astronom und Mathematiker.

10. Rational oder irrational?

a) Für die Dezimalbruchdarstellung der Zahl $\sqrt[3]{10}$ gilt:

$$\sqrt[3]{10} = 2{,}15443\,46900\,31883\,72175\,92935\,66519\ldots.$$

Zu welcher Sorte von Zahlen gehört $\sqrt[3]{10}$ vermutlich?

b) Beweise den Satz:

> Gebrochene rationale Zahlen haben keine ganzzahligen n-ten Potenzen.

Querverweis: Klasse 8, Seite 130.

c) Bestätige mit Hilfe von b) die Vermutung aus a).

> Ist $a \in \mathbb{N}$ nicht die n-te Potenz einer natürlichen Zahl, so ist $\sqrt[n]{a}$ eine irrationale Zahl.

Wurzelregeln

11. a) Für Quadratwurzeln gilt: $\sqrt{a} \cdot \sqrt{b} = \sqrt{a \cdot b}$ (*Querverweis:* Klasse 8, Seite 155).
Verallgemeinere die Regel.

Wurzelregel für Produkte

b) Teste die Regel, z. B. an $\sqrt[3]{8} \cdot \sqrt[3]{125}$.
c) Beweise die verallgemeinerte Regel.

12. **Anwendungen der Wurzelregel für Produkte**
a) Du kannst Wurzeln zusammenfassen.

Beispiel: $\sqrt[3]{12} \cdot \sqrt[3]{18} = \sqrt[3]{216} = 6$.

$\sqrt[3]{5} \cdot \sqrt[3]{25} =$	$\sqrt[3]{\frac{3}{4}} \cdot \sqrt[3]{36} =$	$\sqrt[4]{8} \cdot \sqrt[4]{12{,}5} =$
$\sqrt[7]{8} \cdot \sqrt[7]{16} =$	$\sqrt[6]{3} \cdot \sqrt[6]{5} =$	$\sqrt[n]{a^2} \cdot \sqrt[n]{a^{n-2}} =$

b) Du kannst Wurzeln zerlegen.

Beispiel: $\sqrt[3]{27 \cdot 343} = \sqrt[3]{27} \cdot \sqrt[3]{343} = 3 \cdot 7 = 21$.

$\sqrt[4]{625 \cdot 81} =$	$\sqrt[3]{0{,}512 \cdot 0{,}125} =$
$\sqrt[3]{216 \cdot 729} =$	$\sqrt[7]{15^7 \cdot 10^{14}} =$
$\sqrt[5]{1024 \cdot 243} =$	$\sqrt[4]{16 \cdot a^2} =$

c) Du kannst Wurzeln teilweise ziehen.

Beispiel: $\sqrt[3]{54} = \sqrt[3]{27 \cdot 2} = \sqrt[3]{27} \cdot \sqrt[3]{2} = 3 \cdot \sqrt[3]{2}$.

$\sqrt[3]{56} =$	$\sqrt[4]{768} =$
$\sqrt[3]{250} =$	$\sqrt[5]{300\,000} =$
$\sqrt[4]{405} =$	$\sqrt[n]{3 \cdot x^n} =$

13. **Wurzel aus einer Wurzel**

a) Daniel zieht aus 125 die 4. Wurzel und aus dem Ergebnis die 3. Wurzel. Schreibe den Rechenausdruck auf und berechne ihn (auf vier Dezimalen gerundet).

b) Daniela vermutet, dass man die Reihenfolge der Rechenschritte vertauschen darf. Probiere es aus.

c) Der schlaue Peter berechnet nur eine Wurzel. Wie macht er das?

d) Formuliere die Wurzelregel für Wurzeln und beweise sie.

Wurzelregel für Wurzeln

14. a) Schreibe als eine Wurzel.

$\sqrt[4]{\sqrt[3]{2}}$ =	$\sqrt[5]{\sqrt{3}}$ =	$\sqrt[3]{\sqrt{a}}$ =
$\sqrt[3]{\sqrt[5]{4}}$ =	$\sqrt{\sqrt{7}}$ =	$\sqrt{\sqrt{\sqrt{a}}}$ =
$\sqrt[5]{\sqrt[3]{4}}$ =	$\sqrt[3]{\sqrt[3]{a}}$ =	$\sqrt{\sqrt[5]{\sqrt[10]{a}}}$ =

b) Vertausche zuerst die Wurzeln.

$\sqrt[3]{\sqrt[4]{8}}$ =	$\sqrt{\sqrt[5]{144}}$ =
$\sqrt[4]{\sqrt[3]{81}}$ =	$\sqrt[5]{\sqrt[3]{\sqrt{32}}}$ =
$\sqrt[3]{\sqrt{1000}}$ =	$\sqrt[n]{\sqrt[m]{a^n}}$ =

15. **Wurzeln und Potenzen**

a) Erkläre die Rechnung und verfahre ebenso mit $\sqrt[n]{a^5}$.

$$\sqrt[n]{a^3} = \sqrt[n]{a\cdot a\cdot a} = \sqrt[n]{a}\cdot\sqrt[n]{a}\cdot\sqrt[n]{a} = \left(\sqrt[n]{a}\right)^3$$

b) Erkläre die Rechnung und verfahre ebenso mit $\sqrt[n]{a^{-5}}$.

$$\sqrt[n]{a^{-3}}\cdot\sqrt[n]{a^3} = \sqrt[n]{a^{-3}\cdot a^3} = \sqrt[n]{a^0} = 1$$

Also: $\sqrt[n]{a^{-3}} = \dfrac{1}{\sqrt[n]{a^3}} = \dfrac{1}{\left(\sqrt[n]{a}\right)^3} = \left(\sqrt[n]{a}\right)^{-3}$

c) Fasse deine Beobachtungen in einer Regel zusammen.

Wurzelregel für Potenzen

d) Wende die Regel an.

Beispiel: $\sqrt[4]{81^3} = \left(\sqrt[4]{81}\right)^3 = 3^3 = 27$.

$\sqrt{25^3} =$	$\sqrt[4]{16^{-7}} =$	$\sqrt[6]{27^{-4}} =$
$\sqrt[3]{343^2} =$	$\sqrt[3]{0{,}216^2} =$	$\sqrt[5]{32^{-k}} =$

16. **Addieren und Subtrahieren von Wurzeln**

a) Fasse wenn möglich zusammen.

$3\cdot\sqrt{5}+5\cdot\sqrt{5} =$	$8\cdot\sqrt[3]{5}-3\cdot\sqrt{5} =$	$\frac{1}{2}\cdot\sqrt[4]{3}-\sqrt[4]{3} =$
$8\cdot\sqrt[3]{5}-6\cdot\sqrt[3]{5} =$	$\frac{1}{3}\cdot\sqrt[5]{10}+\frac{2}{3}\cdot\sqrt[5]{10} =$	$-9\cdot\sqrt[8]{6}+10\cdot\sqrt[8]{6} =$

b) **Beispiel:** $\sqrt[3]{5000}-\sqrt[3]{40} = \sqrt[3]{1000\cdot 5}-\sqrt[3]{8\cdot 5} = 10\cdot\sqrt[3]{5}-2\cdot\sqrt[3]{5} = 8\cdot\sqrt[3]{5}$.

Rechne ebenso.

- $\sqrt[4]{162} - \sqrt[4]{2}$
- $\sqrt[3]{108} - \sqrt[3]{32}$
- $\sqrt[5]{300000} + \sqrt[5]{96}$

c) Willi hat sich für das Addieren von Wurzeln seine eigenen Regeln zurechtgelegt:

- $\sqrt[n]{a}+\sqrt[n]{b} = \sqrt[n]{a+b}$,
- $\sqrt[n]{a}+\sqrt[m]{a} = \sqrt[n+m]{a}$.

Prüfe, ob die Regeln richtig sind.

Gebrochene Exponenten

17. a) Berechne mit dem Taschenrechner.

- $25^{\frac{3}{2}} =$
- $10^{\frac{7}{4}} =$
- $(-8)^{\frac{2}{3}} =$
- $243^{\frac{2}{5}} =$
- $8^{-\frac{2}{3}} =$

b) Der Taschenrechner berechnet **Potenzen mit gebrochenen Exponenten**. Finde anhand der Beispiele in a) heraus, wie solche Potenzen definiert sind.

- $25^{\frac{3}{2}} =$
- $10^{\frac{7}{4}} =$
- $243^{\frac{2}{5}} =$
- $8^{-\frac{2}{3}} =$

c) Wie ist die Potenz $a^{\frac{m}{n}}$ $\left(m \in \mathbb{Z}, n \in \mathbb{N}^*\right)$ definiert?

d) Kann man auch $0^{\frac{m}{n}}$ definieren?

18. **Die Potenzen $a^{\frac{1}{n}}$ und $a^{-\frac{1}{n}}$**

a) Berechne ohne Taschenrechner.

- $169^{\frac{1}{2}} =$
- $0{,}0001^{\frac{1}{4}} =$
- $216^{\frac{1}{3}} =$
- $0{,}729^{\frac{1}{3}}$
- $512^{\frac{1}{9}} =$
- $125^{\frac{1}{6}} =$

$a^{\frac{1}{n}} =$

b) Rechne wie im Beispiel.

- $125^{-\frac{1}{3}} = \left(\sqrt[3]{125}\right)^{-1} = 5^{-1} = 0{,}2$
- $100^{-\frac{1}{2}} =$
- $128^{-\frac{1}{7}} =$
- $81^{-\frac{1}{4}} =$
- $0{,}064^{-\frac{1}{3}} =$

$a^{-\frac{1}{n}} =$

c) Niko behauptet: $a^{-\frac{1}{n}}$ ist die Kehrzahl von $a^{\frac{1}{n}}$ und umgekehrt. Überprüfe dies.

19. **Beispiel:** $8^{\frac{5}{3}} = \left(\sqrt[3]{8}\right)^5 = 2^5 = 32$.

Rechne ebenso.

a) $16^{\frac{3}{4}}$ c) $32^{\frac{7}{5}}$ e) $0{,}125^{\frac{2}{3}}$ g) $128^{-\frac{4}{7}}$

b) $27^{\frac{4}{3}}$ d) $\left(\frac{9}{4}\right)^{\frac{5}{2}}$ f) $36^{-\frac{3}{2}}$ h) $-343^{-\frac{2}{3}}$

20. **Kürzen und Erweitern**

a) Berechne und vergleiche.

- $729^{\frac{4}{6}} =$
- $729^{\frac{2}{3}} =$

b) Peter berechnet die Potenz $a^{\frac{k\cdot m}{k\cdot n}}$ $\left(k \in \mathbb{N}^*\right)$. Begründe die Rechenschritte.

$$a^{\frac{k\cdot m}{k\cdot n}} = \left(\sqrt[k\cdot n]{a}\right)^{k\cdot m} = \left(\sqrt[k]{\sqrt[n]{a}}\right)^{k\cdot m} = \left[\left(\sqrt[k]{\sqrt[n]{a}}\right)^{k}\right]^{m} = \left(\sqrt[n]{a}\right)^{m} = a^{\frac{m}{n}}$$

c) Ergänze.

Der Wert einer Potenz ändert sich nicht,

d) Berechne: $125^{\frac{6}{9}}$; $32^{\frac{28}{35}}$; $216^{-\frac{8}{12}}$; $100^{\frac{51}{17}}$.

21. **Dezimalbrüche als Exponenten**

a) $196^{0,5}$ c) $81^{0,75}$ e) $32^{1,8}$ g) $1000^{0,\overline{6}}$

b) $1024^{0,1}$ d) $49^{1,5}$ f) $256^{0,375}$ h) $0{,}25^{0,25}$

22. Schreibe als Potenz.

$\left(\sqrt[3]{9}\right)^5 =$	$\left(\sqrt[7]{4}\right)^{-2} =$	$\left(\sqrt[12]{x}\right)^9 =$
$\sqrt[5]{8^3} =$	$\sqrt[12]{5^{16}} =$	$\sqrt[6]{y^{-2}} =$
$\frac{1}{\sqrt{7}} =$	$\frac{1}{\left(\sqrt[5]{2}\right)^3} =$	$\frac{1}{\sqrt[n]{a^4}} =$

23. **Monotoniegesetz**

a) Berechne die Potenzen mit dem Taschenrechner und setze das richtige Anordnungszeichen (<, >).

$3^{0,7}$	$3^{1,3}$	$3^{2,4}$	$3^{-0,8}$	$3^{-3,7}$	$3^{-2,6}$
$0{,}8^{0,7}$	$0{,}8^{1,3}$	$0{,}8^{2,4}$	$0{,}8^{-0,8}$	$0{,}8^{-3,7}$	$0{,}8^{-2,6}$

b) Formuliere das

Monotoniegesetz für Potenzen mit gleicher Basis

-
-

24. Willi beweist, dass $2 = -2$ ist:

$$2 = \sqrt[6]{64} = \sqrt[6]{(-8)^2} = (-8)^{\frac{2}{6}} = (-8)^{\frac{1}{3}} = \sqrt[3]{-8} \underset{\text{da } (-2)^3=-8}{=} -2$$

Wo steckt der Fehler?

Irrationale Exponenten

25. a) Was liefert der Taschenrechner für $5^{\sqrt{3}}$?

b) In dieser Aufgabe wollen wir herausfinden, wie $5^{\sqrt{3}}$ definiert ist. Schreibe in die zweite Spalte der Tabelle die ersten fünf Intervalle der dezimalen Intervallschachtelung für $\sqrt{3}$. Fülle anschließend die dritte Spalte aus.

n	Intervallschachtelung für $\sqrt{3}$: $[p_n ; q_n]$	$[5^{p_n} ; 5^{q_n}]$
1	[1;2]	[5;25]
2	[1,7;1,8]	[15,4258... ; 18,1194...]
3		
4		
5		
6		

c) Was vermutest du über die Intervallfolge $\left[5^{p_1};5^{q_1}\right], \left[5^{p_2};5^{q_2}\right], \dots$?

Definiere die Potenz $5^{\sqrt{3}}$.

d) Bestimme auf die gleiche Weise die Potenz $0^{\sqrt{3}}$.

26. a) Was liefert der Taschenrechner für $0{,}8^{\pi}$?

b) Erläutere mit Hilfe der Tabelle die Definition von $0{,}8^{\pi}$.

n		
1		
2		
3		
4		
⋮	⋮	⋮

- Seien $a \in \mathbb{R}^+$, $x \in \mathbb{R}$ und $[p_1;q_1],[p_2;q_2],\dots$ eine Intervallschachtelung für x.

  Dann ist $\left[a^{p_1};a^{q_1}\right],\left[a^{p_2};a^{q_2}\right],\dots$ bzw. $\left[a^{q_1};a^{p_1}\right],\left[a^{q_2};a^{p_2}\right],\dots$ eine Intervallschachtelung.
- Die von der Intervallschachtelung $\left[a^{p_n};a^{q_n}\right]$ bzw. $\left[a^{q_n};a^{p_n}\right]$ eingeschachtelte Zahl heißt ***x*-Potenz von *a***, in Zeichen $\boldsymbol{a^x}$.

27. **Exponentialfunktion**

Gegeben ist die Funktion f mit $f(x) = 2^x$.

a) Bestimme die maximale Definitionsmenge von f.

b) Zeichne mit Hilfe einer Wertetafel den Graphen von f in das Koordinatensystem. Beschreibe den Graphen.

c) Lies aus dem Diagramm einen Näherungswert für die Lösung von $2^x = 5$ ab.

d) Bestimme die ersten fünf Intervalle der dezimalen Intervallschachtelung für die Lösung von $2^x = 5$.

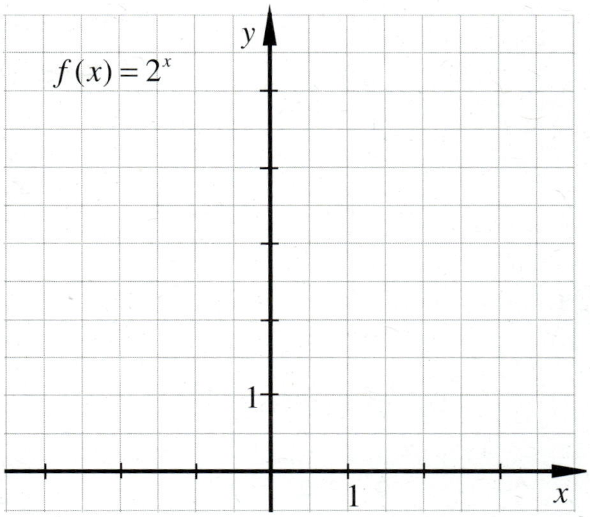

n	Näherung	$2^{\text{Näherung}}$	Intervallschachtelung für die Lösung von $2^x = 5$
1	2	< 5	[2 ; 3]
	3	> 5	
2			
3			
4			
5			

e) Vervollständige den Beweis.

Behauptung: Die Lösung von $2^x = 5$ ist eine irrationale Zahl.

Beweis (indirekt)

Annahme: Die Lösung ist rational.

Dann gibt es $m, n \in \mathbb{N}^*$ mit $2^{\frac{m}{n}} = 5$.

Anders geschrieben: $\sqrt[n]{2^m} = 5$.

Mit n potenziert:

f) Bestimme die ersten fünf Intervalle der dezimalen Intervallschachtelung für die Lösung von $2^x = 100$ und zeige, dass die Lösung irrational ist.

Potenzregeln

28. **Erste Potenzregel**

a) Teste an dem Term $10^{0,6} \cdot 10^{0,9}$ die erste Potenzregel.

b) Im Folgenden wird die Potenzregel (P1) für **rationale Exponenten** bewiesen. Begründe die einzelnen Umformungsschritte.

Seien $a \in \mathbb{R}^+$ und $r, s \in \mathbb{Q}$.

$$a^r \cdot a^s = a^{\frac{m}{n}} \cdot a^{\frac{p}{q}}$$
$$= a^{\frac{mq}{nq}} \cdot a^{\frac{np}{nq}}$$
$$= \left(\sqrt[nq]{a}\right)^{mq} \cdot \left(\sqrt[nq]{a}\right)^{np}$$
$$= \left(\sqrt[nq]{a}\right)^{mq+np}$$
$$= a^{\frac{mq+np}{nq}}$$
$$= a^{\frac{m}{n}+\frac{p}{q}}$$
$$= a^{r+s}$$

c) Die erste Potenzregel gilt auch für Potenzen mit **irrationalen Exponenten**. Bestätige das am Beispiel $10^{1-\sqrt{3}} \cdot 10^{1+\sqrt{3}}$.

29. a) Beweise die Potenzregel (P2) für Potenzen mit **reellen Exponenten**.

Voraussetzung: $a \in \mathbb{R}^+$ und $r, s \in \mathbb{R}$.

Behauptung:

Beweis

Es gilt $a^{r-s} \cdot a^s =$

Durch a^s dividieren:

b) Vervollständige.

Potenzen mit gleicher Basis

Für alle

(P1) (P2)

30. Rechne geschickt.

a)

$5^{\frac{2}{3}} \cdot 5^{\frac{4}{3}} =$	$2^{3+\sqrt{5}} \cdot 2^{1-\sqrt{5}} =$
$81^{\frac{3}{4}} \cdot 81^{-\frac{1}{4}} =$	$1{,}69^{0,1} \cdot 1{,}69^{-\frac{3}{5}} =$
$32^{-0,7} \cdot 32^{0,9} =$	$\left(\sqrt{5}\right)^{-0,18} \cdot \left(\sqrt{5}\right)^{-0,32} =$

b)

$\dfrac{16^{\frac{5}{8}}}{16^{\frac{3}{8}}} =$	$\dfrac{6^{2\pi}}{6^{1+2\pi}} =$
$\dfrac{27^{2}}{27^{\frac{4}{3}}} =$	$\dfrac{\left(\frac{4}{9}\right)^{-\frac{1}{3}}}{\left(\frac{9}{4}\right)^{\frac{1}{6}}} =$
$\dfrac{13^{\frac{1}{2}}}{13^{-\frac{1}{6}}} =$	$\dfrac{10^{\frac{3}{4}} \cdot 10^{\frac{2}{3}}}{10^{\frac{7}{6}}} =$

31. Fasse jeweils zu einer Potenz zusammen.

a)

$a^{\frac{1}{9}} \cdot a^{\frac{2}{9}} =$	$(x-y)^{-2,5} \cdot (x-y)^{2} =$
$x^{\frac{7}{5}} \cdot x^{0,6} =$	$(ab)^{\frac{1}{2}} \cdot (ab)^{\frac{1}{3}} \cdot (ab)^{\frac{1}{6}} =$
$(c+1)^{\frac{4}{3}} \cdot (c+1)^{-\frac{5}{6}} =$	$a \cdot a^{\frac{1}{n}} =$

b)

$\dfrac{y^{2}}{y^{\frac{7}{4}}} =$	$\dfrac{r^{\frac{2}{n}}}{r^{\frac{3}{n}}} =$
$\dfrac{(3a)^{\frac{3}{5}}}{(3a)^{-0,4}} =$	$\dfrac{u^{n+\frac{m}{2}}}{u^{n-\frac{m}{2}}} =$
$\dfrac{(1-m)^{1,25}}{(1-m)^{\frac{5}{6}}} =$	$\dfrac{x^{\frac{2}{3}}}{x^{\frac{1}{2}} \cdot x^{\frac{1}{4}}} =$

32. Sei $a \in \mathbb{R}^{+}$ und $r \in \mathbb{R}$.

a) Zeige: a^{-r} ist die Kehrzahl von a^{r} und umgekehrt.

b) Folgere: $a^{-r} = \dfrac{1}{a^{r}}$ und $a^{r} = \dfrac{1}{a^{-r}}$.

33. **Dritte und vierte Potenzregel**

a) Teste die dritte Potenzregel an dem Term $7^{0,75} \cdot 10^{0,75}$.

b) Beweise die dritte Potenzregel für **rationale Exponenten**.

Voraussetzung: $a, b \in \mathbb{R}^+$ und $r \in \mathbb{Q}$.

Behauptung:

Beweis

$a^r \cdot b^r = a^{\frac{m}{n}} \cdot b^{\frac{m}{n}} =$

c) Die dritte Potenzregel gilt auch für Potenzen mit **irrationalen Exponenten**. Bestätige das am Beispiel $0{,}6^{\pi} \cdot 5^{\pi}$.

d) Beweise die vierte Potenzregel für Potenzen mit **reellen Exponenten**.
Tipp: Verfahre wie in Kapitel 4, Aufgabe 22.

e) Vervollständige.

Potenzen mit gleichem Exponenten

Für alle

(P3) (P4)

34. Rechne geschickt.

a)

$5^{\frac{1}{3}} \cdot 25^{\frac{1}{3}} =$	$\left(\frac{9}{2}\right)^{\frac{4}{3}} \cdot \left(\frac{3}{4}\right)^{\frac{4}{3}} =$
$1{,}5^{1,5} \cdot 6^{1,5} =$	$\left(\sqrt{3}\right)^{\frac{1}{4}} \cdot \left(\sqrt{12}\right)^{\frac{1}{4}} =$
$3{,}2^{-\frac{5}{6}} \cdot 20^{-\frac{5}{6}} =$	$4^{\frac{2}{3}} \cdot 6^{\frac{2}{3}} \cdot 9^{\frac{2}{3}} =$

b)

$\dfrac{72^{\frac{5}{2}}}{8^{\frac{5}{2}}} =$	$\dfrac{2^{\frac{3}{4}}}{\left(\frac{1}{8}\right)^{\frac{3}{4}}} =$
$\dfrac{150^{\frac{1}{4}}}{6^{\frac{1}{4}}} =$	$\dfrac{4^{\frac{4}{3}}}{108^{\frac{4}{3}}} =$

35. Fasse jeweils zu einer Potenz zusammen.

a)

$2^{\frac{3}{4}}\cdot(3a)^{\frac{3}{4}} =$	$(p^3)^{\frac{4}{7}}\cdot(p^{-2})^{\frac{4}{7}} =$
$\left(\frac{3}{x}\right)^{\frac{2}{3}}\cdot\left(\frac{x^2}{6}\right)^{\frac{2}{3}} =$	$2^{\frac{n}{2}}\cdot a^{\frac{n}{2}} =$
$(u+v)^{-\frac{1}{2}}\cdot(u-v)^{-\frac{1}{2}} =$	$(y-1)^r\cdot(y^2+y+1)^r =$

b)

$\frac{(6a^2)^{\frac{2}{3}}}{(6a)^{\frac{2}{3}}} =$	$\frac{(8r^{-3})^{0,2}}{\left(\frac{r^2}{4}\right)^{0,2}} =$
$\frac{(x^2-4)^{0,3}}{(x+2)^{0,3}} =$	$\frac{(4a^2)^x\cdot(3b)^x}{(6a)^x} =$

36. **Fünfte Potenzregel**

a) Teste die fünfte Potenzregel an dem Term $\left(100^{0,8}\right)^{2,5}$.

b) Beweise die fünfte Potenzregel für **rationale Exponenten**.

Voraussetzung: $a \in \mathbb{R}^+$ und $r, s \in \mathbb{Q}$.

Behauptung:

Beweis

$(a^r)^s = \left(a^{\frac{m}{n}}\right)^{\frac{p}{q}} = \sqrt[q]{\left(\sqrt[n]{a^m}\right)^p} =$

c) Die fünfte Potenzregel gilt auch für Potenzen mit **irrationalen Exponenten**. Bestätige das am Beispiel $\left(10^{\sqrt{12}}\right)^{\sqrt{3}}$.

d) Vervollständige.

Potenz einer Potenz

Für alle

(P5)

37. Wende die fünfte Potenzregel an.

a)

$\left(5^{\frac{8}{3}}\right)^{\frac{3}{2}} =$	$(13^{0,4})^{-2,5} =$
$\left(8^{-\frac{1}{4}}\right)^{\frac{4}{3}} =$	$(11^{\sqrt{2}})^{\sqrt{2}} =$

b)

$\left(a^{-\frac{9}{8}}\right)^{\frac{4}{3}} =$	$(a^{x})^{\frac{1}{x}} =$
$(y^{8})^{0,75} =$	$\left[(uv)^{\frac{5}{3}}\right]^{-1,2} =$
$\left[(x+1)^{-\frac{1}{6}}\right]^{-2} =$	$(x^{\sqrt{3}-1})^{\sqrt{3}+1} =$

c) Heidi, Heiko und Heike haben den Term $\left(2x^{\frac{3}{2}}\right)^{2}$ umgeformt.

Heidi: $\left(2x^{\frac{3}{2}}\right)^{2} = 2\left(x^{\frac{3}{2}}\right)^{2} = 2x^{3}$.

Heiko: $\left(2x^{\frac{3}{2}}\right)^{2} = 2^{2}\cdot\left(x^{\frac{3}{2}}\right)^{2} = 4x^{3}$.

Heike: $\left(2x^{\frac{3}{2}}\right)^{2} = (2x)^{3} = 8x^{3}$.

Wessen Rechnung ist richtig? Welche Fehler haben die beiden anderen gemacht?

Vermischte Aufgaben

38. Berechne mit Hilfe der Potenzregeln.

a) $\dfrac{15^{\frac{5}{6}}\cdot 15^{-\frac{1}{2}}}{5^{\frac{1}{3}}}$

b) $\dfrac{36^{1,05}}{4^{0,3}\cdot 9^{0,3}}$

c) $\dfrac{5^{1,7}\cdot\sqrt{20}}{5^{1,2}}$

d) $\left(8^{\frac{4}{3}}\cdot 27^{-\frac{4}{3}}\right)^{\frac{1}{4}}$

e) $\left(\frac{64}{5}\right)^{-2}\cdot\left(\frac{5}{64}\right)^{-\frac{5}{3}}$

f) $\dfrac{\left(3^{5}\cdot\sqrt[4]{7}\right)^{0,8}}{3^{3,5}\cdot 224^{0,2}}$

Die Ergebnisse zum Aussuchen: 10 ; $\frac{1}{2}\sqrt{3}$; $\sqrt[3]{3}$; $\frac{2}{3}$; $\frac{1}{4}\cdot\sqrt[3]{5}$; $6\sqrt{6}$.

39. Vereinfache die Terme. Rechne in der Potenzschreibweise und gib die Ergebnisse in der Wurzelschreibweise an.

Beispiel: $\dfrac{a\cdot\sqrt[3]{a^2}}{\sqrt[3]{\sqrt{a}}} = \dfrac{a\cdot a^{\frac{2}{3}}}{\left(a^{\frac{1}{2}}\right)^{\frac{1}{3}}} = \dfrac{a^{\frac{5}{3}}}{a^{\frac{1}{6}}} = a^{\frac{3}{2}} = \sqrt{a^3}$.

a) $\sqrt[5]{a^4}\cdot\sqrt[10]{a^7}$

b) $\left(\sqrt[5]{a}\right)^3\cdot\left(\sqrt[3]{a}\right)^{-2}$

c) $\left(\sqrt[15]{a^2}\right)^5$

d) $\dfrac{\sqrt[3]{a^2}}{\sqrt[6]{a}}$

e) $\sqrt[5]{\sqrt[3]{a^2}}$

f) $\sqrt[10]{a^2\cdot\sqrt{a}}$

g) $\sqrt[3]{8a^{-2}}\cdot\sqrt{\frac{1}{4}a}$

h) $\dfrac{\sqrt[3]{a^2}\cdot\sqrt[4]{a^3}}{\left(\sqrt{a}\right)^3}$

i) $\left(\sqrt[4]{\frac{1}{a}}\right)^{-\frac{1}{3}}\cdot\sqrt[4]{a^{-3}}$

Die Ergebnisse zum Aussuchen: $\frac{1}{\sqrt[15]{a}}$; $\frac{1}{\sqrt[6]{a}}$; $\sqrt[15]{a^2}$; $\frac{1}{\sqrt[12]{a}}$; $\sqrt[3]{a^2}$; $\frac{1}{\sqrt[3]{a^2}}$; $\sqrt{a^3}$; $\sqrt{a}$; $\sqrt[4]{a}$.

40. **Ausmultiplizieren**

a) $\left(a^2 - a^{\frac{2}{3}}\right)\cdot\left(a^{-1} - a^{\frac{1}{3}}\right) =$

b) $\left(x^{\frac{3}{4}} + x^{\frac{1}{2}}\right)^2 =$

Weiter in deinem Heft.

c) $\left(x^{0,3}+x^{-1,2}\right)\cdot x^{1,7}$

d) $\left(y-y^{\frac{1}{3}}\right)\cdot\left(1+y^{\frac{2}{3}}\right)$

e) $\left(r^{3,5}-\sqrt{2}\right)\cdot\left(r^{3,5}+\sqrt{2}\right)$

f) $\left(a^{\frac{3}{2}}+1\right)^2$

g) $\left(z^{2,5}-z^{-1}\right)^2$

h) $\left(n+5\cdot\sqrt{n}+25\right)\cdot\left(\sqrt{n}-5\right)$

i) $\left(1-q^{\frac{2}{3}}+q^{\frac{4}{3}}\right)\cdot\left(1+q^{\frac{2}{3}}\right)$

j) $\left(1-a^{\frac{3}{2}}\right)^2-\left(1+a^{\frac{3}{4}}\right)\cdot\left(1-a^{\frac{3}{4}}\right)$

k) $\left(\sqrt[3]{x}-x\right)\cdot\left(\sqrt[3]{x}+x\right)+\left(x-\frac{1}{\sqrt[3]{x}}\right)^2$

l) $\left(e-\sqrt[4]{2}\right)\cdot\left(e+\sqrt[4]{2}\right)\cdot\left(e^2+\sqrt{2}\right)$

41. **Wurzeln addieren**

a) $\sqrt[3]{192} - 2\cdot\sqrt[3]{375} + 7\cdot\sqrt[3]{3} = x$

① Wurzeln teilweise ziehen:

$\sqrt[3]{192} = \sqrt[3]{64\cdot 3} =$

$\sqrt[3]{375} =$

② Addieren:

x =

b) Berechne ebenso.

- $3\cdot\sqrt[3]{16} + \sqrt[3]{54} - \sqrt[3]{128}$
- $5\cdot\sqrt[4]{48} - \sqrt[4]{243} - \sqrt[4]{768}$

c) Zeige: $\sqrt[3]{135} - \left(\sqrt[3]{108} + \sqrt[3]{20}\right)\cdot\sqrt[3]{2} = \sqrt[3]{5} - 6$.

42. **Wurzeln multiplizieren**

a) Erläutere die Rechnung des Softfrutti-Hundes.

$$\sqrt[3]{5}\cdot\sqrt[2]{3} = 5^{\frac{1}{3}}\cdot 3^{\frac{1}{2}} = 5^{\frac{2}{6}}\cdot 3^{\frac{3}{6}} = \left(5^2\cdot 3^3\right)^{\frac{1}{6}} = \sqrt[6]{675}$$

b) Berechne ebenso: $\sqrt[4]{2}\cdot\sqrt[3]{3}$.

c) Beweise nebenstehende Wurzelregel.

d) Was ergibt sich, wenn $a = b$ ist?

Für alle $a, b \geq 0$ und $m, n \in \mathbb{N}^*$ gilt:

$$\sqrt[m]{a}\cdot\sqrt[n]{b} = \sqrt[m\cdot n]{a^n\cdot b^m}.$$

43. a) Zeige durch Polynomdivision (*siehe Kapitel 4, Aufgabe 39*):

$$(x^3 + y^3) : (x + y) = x^2 - x\,y + y^2.$$

b) Ersetze x durch $\sqrt[3]{a}$ und y durch $\sqrt[3]{b}$. Welche Formel erhältst du?

c) Ersetze x durch $\sqrt[3]{a}$ und y durch $-\sqrt[3]{b}$ und zeige: $\dfrac{1}{\sqrt[3]{a} - \sqrt[3]{b}} = \dfrac{\sqrt[3]{a^2} + \sqrt[3]{a\,b} + \sqrt[3]{b^2}}{a - b}$.

Welche Einsetzungen sind für a und b erlaubt?

d) Mache mit Hilfe von c) den Nenner rational.

$\dfrac{1}{\sqrt[3]{5} - \sqrt[3]{2}} =$

44. **Gleichtemperierte Stimmung**

Die Höhe eines reinen Tones ist durch seine Frequenz (Anzahl der Schwingungen pro Sekunde) festgelegt. Hat ein Ton die Frequenz f, so heißt der Ton mit der doppelten Frequenz $2f$ **Oktave**; das Frequenzverhältnis ist $2:1$. Ein Ton und seine Oktave haben unterschiedliche Tonhöhen, werden aber als gleichartig empfunden (Oktavenphänomen). So hat zum Beispiel der Ton c^1 die Frequenz 264 Hz (Hertz), die Oktave c^2 die doppelte Frequenz 528 Hz.

Bei der Tonleiter der **gleichtemperierten Stimmung** werden zwischen c^1 und c^2 elf weitere Töne geschoben, so dass aufeinanderfolgende Töne dasselbe Frequenzverhältnis haben.

c^1 cis d dis e f fis g gis a ais h c^2

a) Bestimme das Frequenzverhältnis zweier aufeinanderfolgender Töne.

Die Frequenzen der 13 Töne von c^1 bis c^2 seien mit $f_0, f_1, \ldots, f_{12}$ bezeichnet.

Es gilt: $f_{12} = 2 \cdot f_0$

$$\frac{f_{12}}{f_{11}} = \frac{f_{11}}{f_{10}} = \frac{f_{10}}{f_9} = \ldots = \frac{f_1}{f_0} =: q$$

Daraus folgt: $f_{12} = q \cdot f_{11} = q \cdot (q \cdot f_{10}) =$

b) Berechne die Frequenzen der Dreiklangtöne $c^1 - e^1 - g^1 - c^2$.
Welche Frequenz hat der „Kammerton" a?

Ton	c^1	e^1	g^1	c^2	a^1
Frequenz (in Hz)					

c) Berechne das Frequenzverhältnis:

- der Quinte $c^1 - g^1$,
- der Quarte $g^1 - c^2$,
- der großen Terz $c^1 - e^1$.

Potenzfunktionen

45. Gegeben sind die beiden **Potenzfunktionen**

$$f: x \mapsto x^{0,4} \quad \text{und} \quad g: x \mapsto x^{1,6}.$$

a) Bestimme die maximale Definitionsmenge der Funktionen.

b) Fülle die Wertetabelle aus (auf drei Dezimalen runden).

x	0	0,2	0,4	0,6	0,8	1	1,2	1,6	2	3
$x^{0,4}$										
$x^{1,6}$										

c) Zeichne die Graphen G_f und G_g in ein gemeinsames Koordinatensystem.
Maßstab: 1 LE ≙ 2,5 cm.

d) Durchlaufe die Graphen in positiver x-Richtung. Welcher Graph ist **linksgekrümmt**, welcher **rechtsgekrümmt**?

46. **Positive Exponenten**

a) Zeichne mit einer Kurvensoftware die Graphen der Funktionen $x \mapsto x^r$ mit $r \in \left\{ \frac{1}{4}; 0,6; 1; \sqrt{3}; 2,7 \right\}$ in ein gemeinsames Koordinatensystem und klebe einen Ausdruck in das Arbeitsbuch ein.

Potenzfunktionen mit positiven reellen Exponenten

b) Stelle die Eigenschaften der Potenzfunktionen $x \mapsto x^r$ mit **positiven nicht ganzzahligen Exponenten** zusammen:

- Definitionsmenge,
- Wertemenge,
- Monotonie,
- Verhalten für $x \to \infty$,
- gemeinsame Punkte aller Graphen,
- Krümmungssinn.

47. Negative Exponenten

a) Zeichne mit einer Kurvensoftware die Graphen von fünf Potenzfunktionen $x \mapsto x^r$ mit negativen nicht ganzzahligen Exponenten in ein gemeinsames Koordinatensystem und klebe einen Ausdruck in das Arbeitsbuch ein.

Potenzfunktionen mit negativen reellen Exponenten

b) Stelle die Eigenschaften der Potenzfunktionen $x \mapsto x^r$ mit **negativen nicht ganzzahligen Exponenten** zusammen:

- Definitionsmenge,
- Wertemenge,
- Monotonie,
- Krümmungssinn,
- gemeinsame Punkte aller Graphen,
- Verhalten für $x \to 0$,
- Verhalten für $x \to \infty$.

48. Monotoniegesetz

a) Lies aus den Schaubildern zu den Aufgaben 46 und 47 das Monotonieverhalten der Potenzfunktionen $x \mapsto x^r$ mit $r \in \mathbb{R}^*$ ab und formuliere das

Monotoniegesetz für Potenzen mit gleichem Exponenten:

-
-

b) Setze das richtige Anordnungszeichen.

$3^{1,4}$	$3{,}5^{1,4}$	$\left(\frac{3}{5}\right)^{-\sqrt{2}}$	$\left(\frac{2}{3}\right)^{-\sqrt{2}}$	$\sqrt[5]{0{,}7}$	$\sqrt[5]{0{,}1}$
$3^{-1,4}$	$3{,}5^{-1,4}$	$\left(\frac{3}{7}\right)^{\pi}$	$\left(\frac{3}{8}\right)^{\pi}$	$(\sqrt{3}-1)^{-\frac{1}{4}}$	$\left(\frac{1}{2}\sqrt{2}\right)^{-\frac{1}{4}}$

49. **Potenzgleichungen**

a) Lies aus dem Schaubild näherungsweise die Lösung der Gleichung $x^{\frac{3}{4}} = 2$ ab.

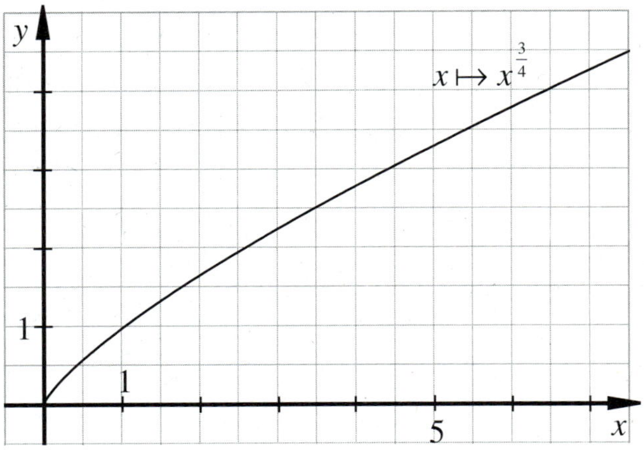

b) Berechne die Lösung.

$x^{\frac{3}{4}} = 2$

Mit $\frac{4}{3}$ potenziert:

c) Löse die Gleichungen.

- $x^{\frac{3}{4}} = 27$
- $x^{\frac{3}{4}} = 0{,}7$
- $x^{\frac{3}{4}} = \sqrt{3}$

50. a) Lies aus dem Schaubild näherungsweise die Lösung der Gleichung $x^{2,5} = 3$ ab.

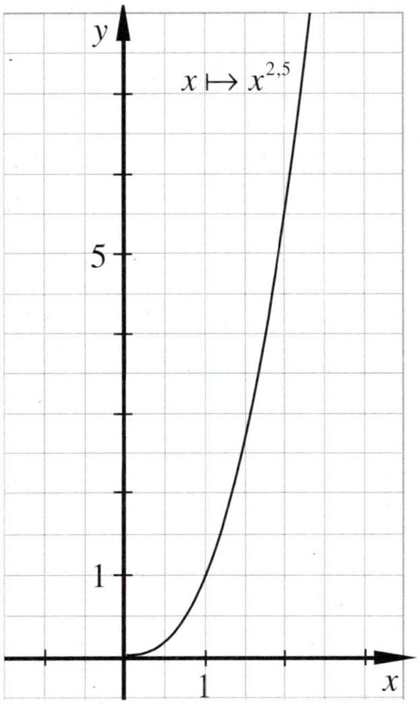

b) Berechne die Lösung.

c) Bestimme für $a \in \mathbb{R}$ die Lösungsmenge von $x^{2,5} = a$.

-
-

51. Löse folgende Gleichungen in $[0;\infty[$.

a) $x^{\frac{3}{2}} = 8$

b) $y^{\frac{2}{3}} = 10$

c) $z^{3,2} = 776$

d) $q^{0,7} = 0{,}8$

e) $r^{20} = 190$

f) $x^r = a \quad (r > 0)$

Zum Nachdenken:

Gustav löst reinquadratische Gleichungen nach der neuen Methode (vgl. Kasten). Was hältst du davon?

$$x^2 = 5$$
$$(x^2)^{\frac{1}{2}} = 5^{\frac{1}{2}}$$
$$x = \sqrt{5}$$

52. a) Die Abbildung zeigt den Graphen einer der angegebenen Funktionen. Kreuze die richtige Gleichung an.

①

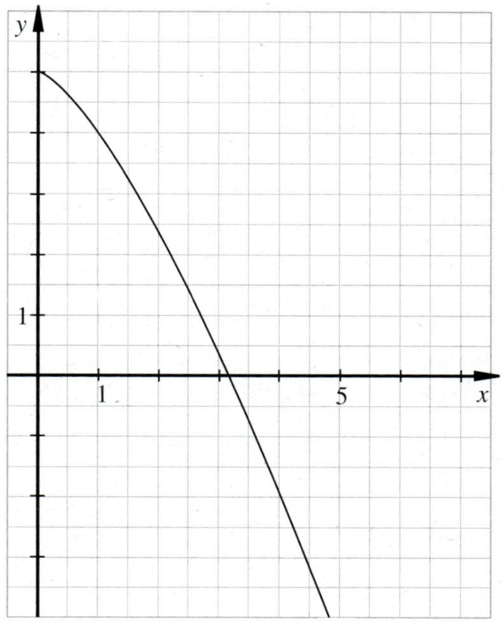

☐ $f(x) = (5-x)^{1,4}$

☐ $f(x) = x^{1,4} - 5$

☐ $f(x) = 5 - x^{1,4}$

②

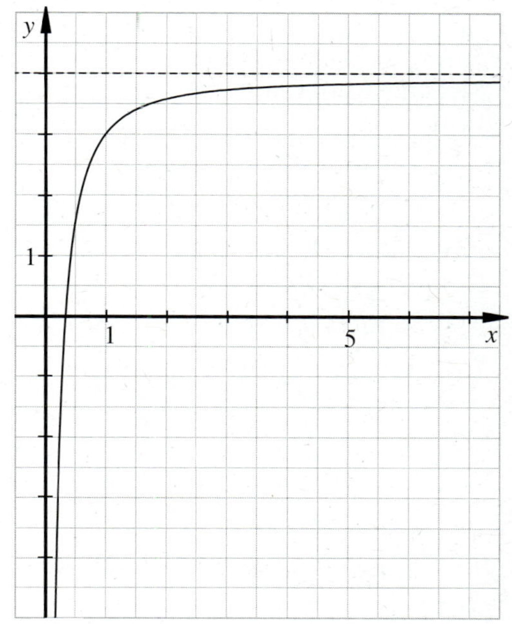

☐ $f(x) = 4 - x^{\frac{3}{2}}$

☐ $f(x) = 4 - x^{-\frac{3}{2}}$

☐ $f(x) = (4-x)^{-\frac{3}{2}}$

b) Der abgebildete Graph ist durch Verschiebung der $x^{\frac{3}{5}}$-Kurve entstanden. Bestimme eine Funktionsgleichung.

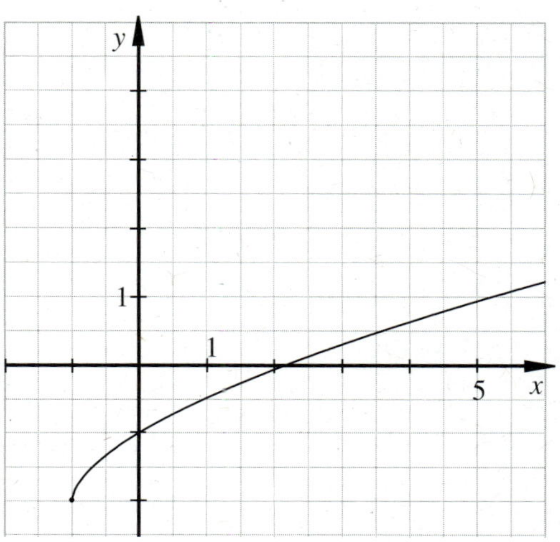

c) Berechne die Nullstellen der in a) und b) abgebildeten Funktionen.

53. Gegeben ist die Funktion f mit $f(x) = 2 - \sqrt[3]{x^2}$.

a) Bestimme die maximale Definitionsmenge.

b) Untersuche die Funktion auf Symmetrie.

c) Berechne $f(0)$, $f(1)$ und $f(-1)$.

d) Berechne die Nullstellen von f .

e) Zeichne den Graphen von f .

f) Vergleiche die Funktion $g\colon x \mapsto 2 - x^{\frac{2}{3}}$ mit der Funktion f .

54. Die Abbildung zeigt den Graphen der Funktion $f\colon x \mapsto x^{\frac{1}{2}}$.

a) Spiegele G_f an der ersten Winkelhalbierenden.

b) Das Spiegelbild ist Graph einer Funktion. Gib die Funktion an.

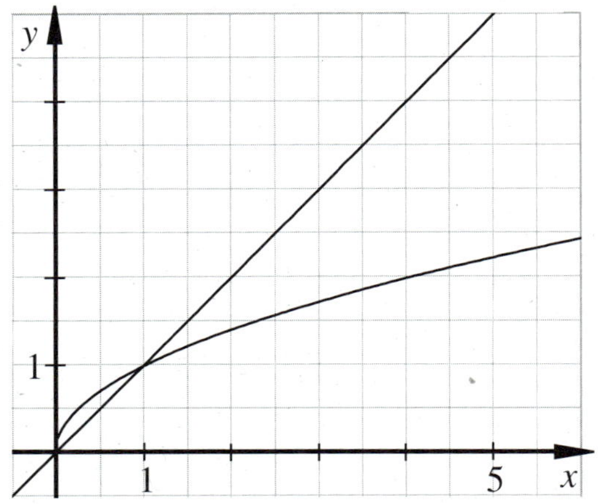

55. **Spiegelung an der ersten Winkelhalbierenden**

Die Abbildung zeigt den Graphen einer Potenzfunktion

$$f\colon [0;\infty[\to \mathbb{R},\ x \mapsto x^r$$

und sein Spiegelbild bezüglich der ersten Winkelhalbierenden.

a) Begründe, warum das Spiegelbild Graph einer Funktion g ist. Stelle eine Vermutung über die Funktion g auf.

b) Ermittle eine Funktionsgleichung für g.

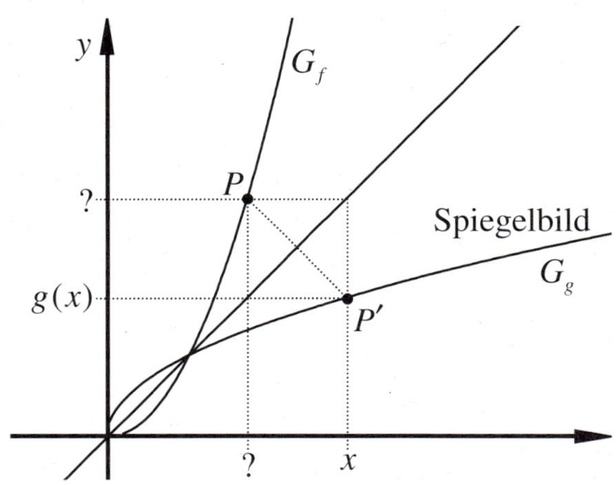

Sei P'(x|g(x)) ein Punkt des Graphen von g.

P'(x|g(x)) ist Spiegelpunkt von

c) Gegeben sind die Funktionen f und g auf $[0;\infty[$ mit $f(x) = x^{1,6}$ und $g(x) = x^{0,625}$.

- Berechne $f(g(x))$ und $g(f(x))$.
- Welche Beziehung besteht zwischen G_f und G_g ?

56. Erdsatellit

Ein Satellit umkreise die Erde über dem Äquator. Zwischen der Umlaufzeit t (in Tagen) und der Höhe h der Bahn über der Erde (in km) besteht die Beziehung

$$h = 42070 \cdot t^{\frac{2}{3}} - 6370 .$$

a) Zeichne mit einer Kurvensoftware den Graphen der Funktion $t \mapsto h$ im Intervall $[0;3]$.

b) Wie hängt der Graph von $t \mapsto h$ mit dem Graphen der Potenzfunktion $t \mapsto t^{\frac{2}{3}}$ zusammen?

c) Wie hoch muss ein **geostationärer Satellit** (z. B. ein Fernsehsatellit) über dem Äquator stehen?

d) Wie lange dauert ein Umlauf, wenn der Satellit $10\,000\,\text{km}$ über dem Äquator fliegt?

57. Volumen und Oberfläche eines Würfels

a) Ein Würfel hat den Oberflächeninhalt $180\,\text{cm}^2$. Berechne sein Volumen.

b) Mit O und V seien der Oberflächeninhalt und das Volumen eines Würfels bezeichnet. Gib für die Funktion $O \mapsto V$ eine Gleichung an.

c) Wie ändert sich das Volumen, wenn der Oberflächeninhalt um 25% zunimmt?

d) Wie ändert sich der Oberflächeninhalt, wenn das Volumen um 25% zunimmt?

58. x^x - Funktion

Gegeben ist die Funktion f auf $]0;\infty[$ mit $f(x) = x^x$.

a) Fülle die Wertetafel aus (auf 2 Dezimalen runden).

x	0,2	0,4	0,6	0,8	1
f(x)					

x	1,2	1,4	1,6	1,8	2
f(x)					

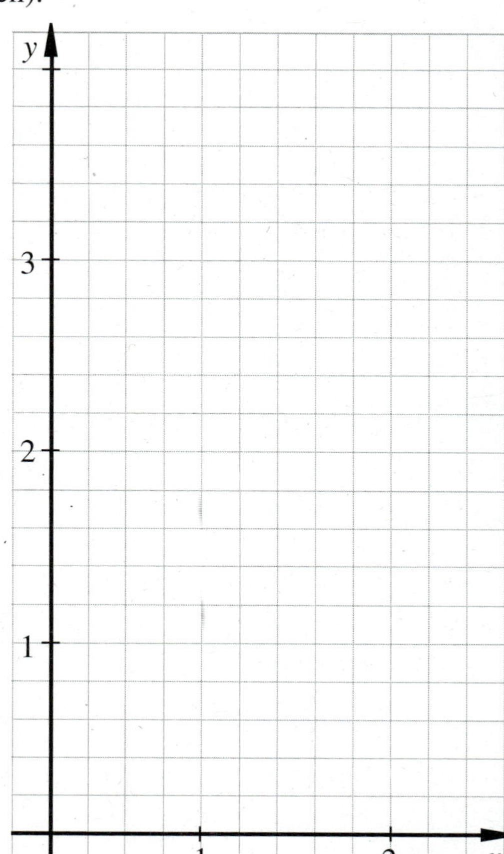

b) An welcher Stelle hat f den Funktionswert 10 Milliarden?

c) Berechne $f(0{,}1)$, $f(0{,}01)$, … und finde heraus, gegen welche Zahl $f(x)$ strebt, wenn x gegen 0 geht.

d) Zeichne den Graphen von f in das vorbereitete Koordinatensystem.

e) Die Minimumstelle der Funktion liegt in der Nähe von 0,4. Bestimme durch systematisches Probieren die ersten beiden Dezimalen dieser Stelle.

59. Astroide

Betrachte die Gleichung $\sqrt[3]{x^2} + \sqrt[3]{y^2} = 4$.

a) Zeige: $(8\,|\,0)$, $\left(\sqrt{8}\,\middle|\,\sqrt{8}\right)$ und $(0\,|\,8)$ sind Lösungen.

b) Bestimme y so, dass $(1\,|\,y)$ Lösung ist.

c) Gib mit Hilfe der Lösungen in b) weitere Lösungen der Gleichung an.

d) Löse die Gleichung nach y auf und fülle die Wertetabelle aus (auf 2 Dezimalen runden).

x	0	1	2	3	4	5	6	7	8
y									

e) Zeichne den Graphen der Gleichung in das vorbereitete Koordinatensystem (Symmetrien ausnutzen!).

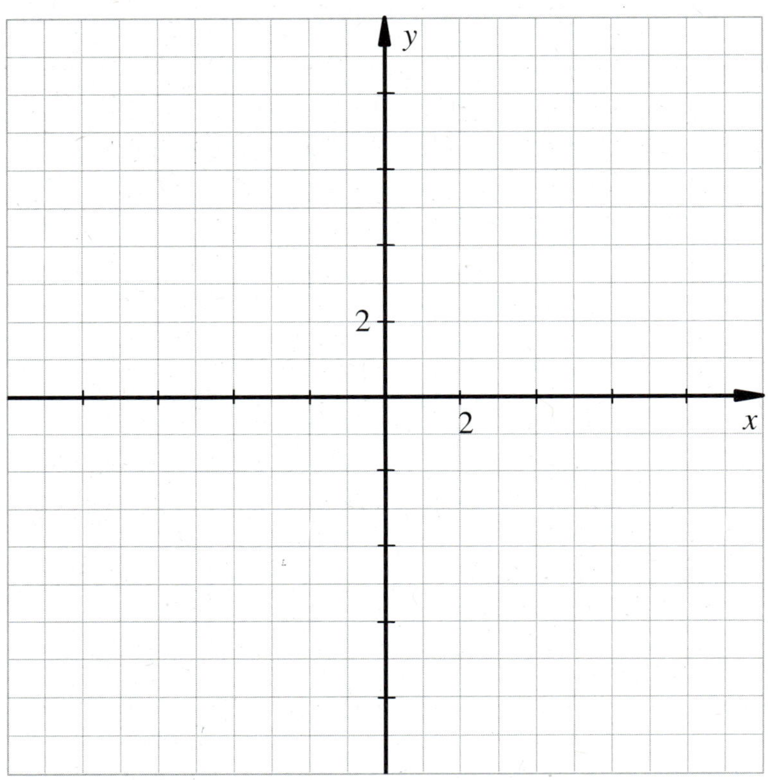

f) Zeichne mit einer Kurvensoftware die Graphen der Gleichungen $\sqrt[n]{x^2} + \sqrt[n]{y^2} = \sqrt[n]{64}$ für $n \in \{1; 2; 3; 4; 5\}$ in ein gemeinsames Koordinatensystem.

6

Mehrstufige Zufallsexperimente und bedingte Wahrscheinlichkeit

Zum Aufwärmen

1. Modelliere folgende Zufallsexperimente.
   Das heißt: Wähle eine Ergebnismenge und lege eine Wahrscheinlichkeitsverteilung fest.

a) Werfen einer Münze

Ω =

ω		
$P(\omega)$		

b) Drehen eines Glücksrades

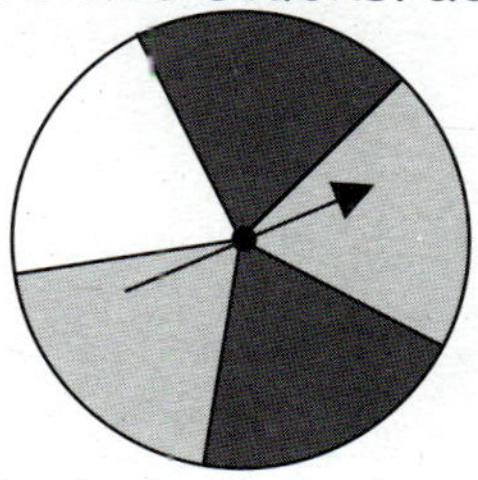

c) Ziehen aus einer Urne

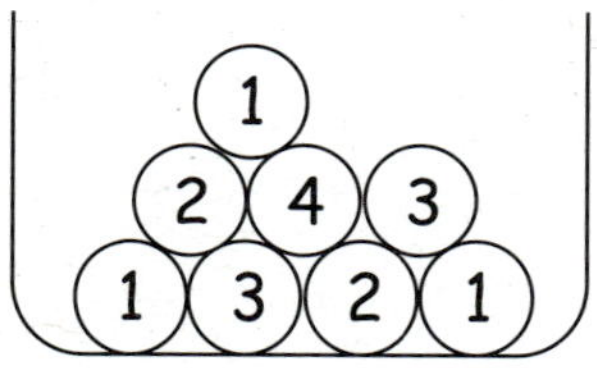

d) Werfen eines Würfels

- Bei einem **Zufallsexperiment** (ZE) können verschiedene **Ergebnisse** auftreten. Alle möglichen Ergebnisse fasst man in der **Ergebnismenge** Ω zusammen.
- Die **Wahrscheinlichkeiten** der Ergebnisse legt man wie folgt fest:
  (1) Sie sind größer oder gleich 0,
  (2) ihre Summe ist gleich 1,
  (3) die relativen Häufigkeiten der Ergebnisse sind Schätzwerte für sie.
- Jedem Ergebnis ω ist also genau eine Zahl $P(\omega)$ zugeordnet. Die Zuordnung $P: \Omega \to \mathbb{R}$ heißt **Wahrscheinlichkeitsverteilung** (WV).

2. ZE: Du ziehst aus einer Urne mit drei schwarzen und zwei weißen Kugeln mit einem Griff zwei Kugeln und stellst ihre Farben fest.

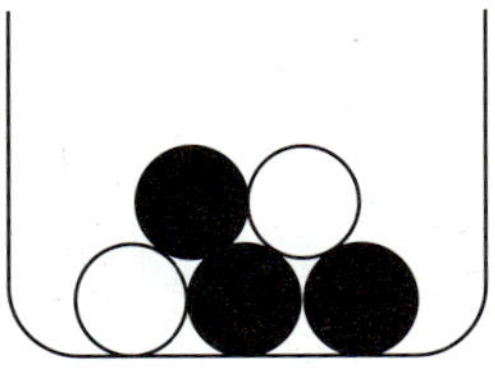

   a) Welche Ergebnisse sind möglich? Wähle für die Ergebnisse zweckmäßige Kurzbezeichnungen und gib die Ergebnismenge an.

   b) *Partnerarbeit*

   Führe das Experiment 50-mal durch und bestimme die **relativen Häufigkeiten** der einzelnen Ergebnisse in der Versuchsserie.

Ergebnis	absolute Häufigkeit (Strichliste)	relative Häufigkeit

   c) Vergleicht in der Klasse eure Ergebnisse.

ω	Serie 1	Serie 2	Serie 3	Serie 4	Serie 5	Serie 6

   d) Ihr könnt eure Versuchsserien zu einer „Superserie" zusammenfassen und für das ZE eine Wahrscheinlichkeitsverteilung festlegen.

ω			
P(ω)			

3. ZE: Man dreht das abgebildete Glücksrad und stellt fest, in welchem Sektor der Zeiger stehen bleibt.

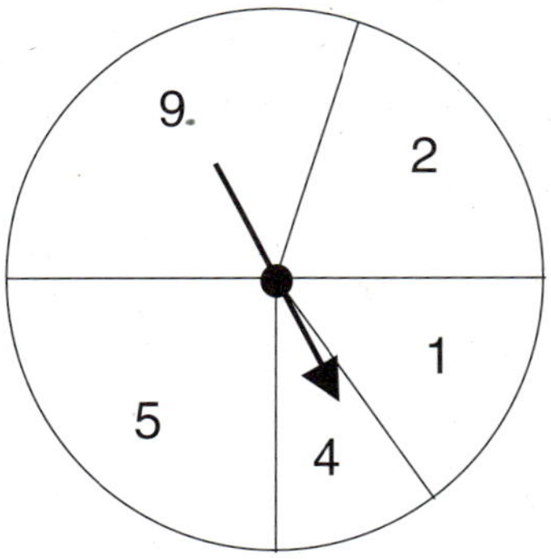

   a) Gustav gibt für das ZE folgende WV an.

ω	1	2	4	5	9
$P(\omega)$	0,15	0,2	0,1	0,25	0,3

   Bist du mit dieser Festlegung einverstanden?

   b) Beschreibe das Ereignis A: Die Glückszahl ist eine Quadratzahl durch eine Menge und berechne die Wahrscheinlichkeit des Ereignisses.

   c) Berechne die Wahrscheinlichkeiten folgender Ereignisse.

   - B: Die Glückszahl ist gerade.
   - C: Der Zeiger bleibt nicht im Sektor 4 stehen.

- Bei einem Zufallsexperiment können verschiedene **Ereignisse** eintreten.
- Man beschreibt ein Ereignis durch die Menge aller Ergebnisse, bei denen das Ereignis eintritt.
- Die **Wahrscheinlichkeit** ***P*(*A*)** eines Ereignisses *A* ist die Summe der Wahrscheinlichkeiten aller zugehörigen Ergebnisse.

4. Ein Ikosaeder (Zwanzigflächner) wird von 20 gleichseitigen Dreiecken begrenzt. Kai hat die Flächen mit den Zahlen 1 bis 20 beschriftet.

   a) Modelliere das ZE: Würfeln mit dem Ikosaeder und Feststellen der Augenzahl.

   b) Berechne die Wahrscheinlichkeit des Ereignisses *A*: Die Augenzahl ist durch 3 oder durch 5 teilbar.

   c) Kai interessiert sich für das Ereignis *B*: Die Augenzahl ist mindestens 7. Er würfelt 300-mal. Wie oft wird das Ereignis in der Versuchsserie ungefähr eintreten?

   d) Kai und Lars machen aus dem ZE ein Glücksspiel. Kai zahlt Lars 1 €, wenn die Augenzahl eine zweistellige Primzahl ist, Lars zahlt Kai 1 €, wenn die Augenzahl Teiler von 16 ist, bei allen anderen Augenzahlen zahlt niemand. Mit welchem Gewinn bzw. Verlust muss Kai in 100 Spielen rechnen?

- Ein Zufallsexperiment, bei dem alle Ergebnisse gleichwahrscheinlich sind, heißt **Laplace-Experiment**.
- Bei einem Laplace-Experiment gilt für die Wahrscheinlichkeit eines Ereignisses *A*:

$$P(A) = \frac{|A|}{|\Omega|} = \frac{\text{Anzahl der für } A \text{ günstigen Ergebnisse}}{\text{Anzahl der möglichen Ergebnisse}}.$$

5. **Super 6**

Am Glücksspiel **Super 6** nimmt man mit der sechsstelligen Losnummer auf dem Lottoschein (in der Abbildung rechts 783050) teil. Die Teilnahme kostet 1,25 €. Jeden Mittwoch und Samstag wird eine sechsstellige Gewinnzahl gezogen.

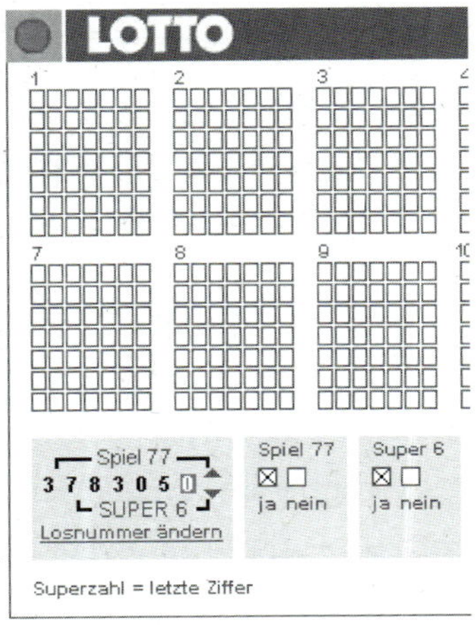

Und das ist der Gewinnplan:

Gewinnklasse 1	6 richtige Endziffern	100 000,00 €
Gewinnklasse 2	5 richtige Endziffern	6 666,00 €
Gewinnklasse 3	4 richtige Endziffern	666,00 €
Gewinnklasse 4	3 richtige Endziffern	66,00 €
Gewinnklasse 5	2 richtige Endziffern	6,00 €
Gewinnklasse 6	1 richtige Endziffer	2,50 €

a) Modelliere das ZE Ziehen der **Super 6**.

b) David nimmt mit der Losnummer 783050 an dem Spiel teil. Mit welcher Wahrscheinlichkeit gewinnt er 100 000,00 € ?

c) Berechne die Wahrscheinlichkeit, dass David 6 666,00 € gewinnt.

d) Wie groß ist die Wahrscheinlichkeit, dass David 666,00 € (66,00 €, 6,00 €, 2,50 €) gewinnt?

e) Zeige:
Die Wahrscheinlichkeit, beim Spiel **Super 6** irgendetwas zu gewinnen, ist exakt 10%.

Ein kleines Projekt: Informiere dich im Internet über das Glücksspiel **Spiel 77** (z. B. www.saartoto.de) und berechne die Gewinnwahrscheinlichkeiten.

6. **UND- und ODER-Ereignis**

ZE: Eine Urne enthält 15 Kugeln. Je zwei Kugeln mit den Nummern 1 bis 5 und je eine Kugel mit den Nummern 6 bis 10. Eine Kugel wird gezogen.

a) Modelliere das ZE.

b) Betrachte folgende Ereignisse.

- A: Die Kugelnummer ist ungerade.
- B: Die Kugelnummer ist durch 3 teilbar.

Beschreibe die Ereignisse A und B und das **Gegenereignis** $\overline{B}$ durch Mengen und berechne ihre Wahrscheinlichkeiten.

c) Peter macht einen Versuch und stellt fest, dass die Ereignisse A und B eingetreten sind. Bei einem zweiten Versuch stellt er fest, dass A eingetreten ist und B nicht. Ist das möglich?

d) Betrachte das Ereignis ***A* und *B* treten ein** und das Ereignis ***A* tritt ein und *B* nicht**.

Beschreibe diese **UND-Ereignisse** durch Mengen und berechne ihre Wahrscheinlichkeiten.

Nützliche Mengenverknüpfungen:
$A \cap B =$ Schnittmenge,
$A \cup B =$ Vereinigungsmenge.

e) Philipp interessiert sich für das Ereignis ***A* oder *B* (oder beide) treten ein**.

Beschreibe dieses **ODER-Ereignis** durch eine Menge und berechne seine Wahrscheinlichkeit.

f) Philipp behauptet: $P(A \cup B) = P(A) + P(B)$.
Prüfe die Formel und berichtige sie gegebenenfalls.

7. **Rechenregeln**

In der nebenstehenden Abbildung sind die Ergebnismenge Ω eines ZE und zwei Ereignisse A und B in einem Mengendiagramm veranschaulicht. Die Punkte symbolisieren die verschiedenen Ergebnisse.

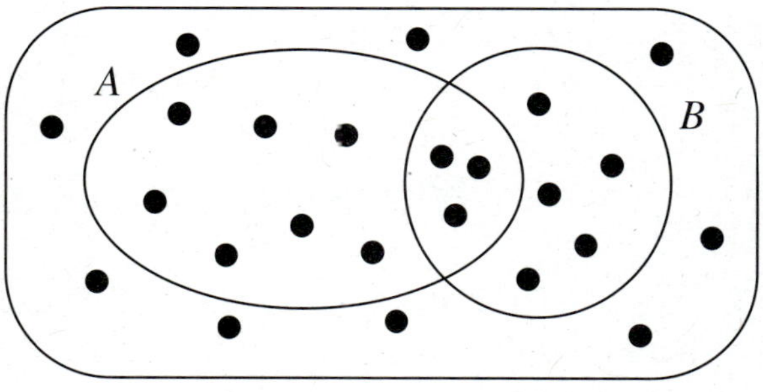

a) Finde eine Formel für die Wahrscheinlichkeit $P(A \cup B)$.

$P(A)$ = Summe aller $P(\omega)$ mit $\omega \in A$

$P(B)$ = Summe aller $P(\omega)$ mit $\omega \in B$

b) Male die Ereignisse $A \cap B$ und $A \cap \overline{B}$ verschiedenfarbig aus und finde einen Zusammenhang zwischen den Wahrscheinlichkeiten von A, $A \cap B$ und $A \cap \overline{B}$.

c) Erläutere die Gegenereignis-Regel an dem Mengendiagramm.

d) Erkläre anhand eines Mengendiagramms, dass unter bestimmten Voraussetzungen die Formel $P(A \cup B) = P(A) + P(B)$ richtig ist.

e) Stelle in dem Kasten die Rechenregeln für Wahrscheinlichkeiten zusammen.

8. Bei einem ZE gilt für zwei Ereignisse A und B:

$$P(A) = 0{,}54\,,\ P(B) = 0{,}36 \text{ und } P(A \cap B) = 0{,}24\,.$$

Berechne die Wahrscheinlichkeiten folgender Ereignisse.

a) Das Ereignis A tritt nicht ein.

b) Mindestens eines der beiden Ereignisse tritt ein.

c) A tritt ein und B nicht.

d) Keines der beiden Ereignisse tritt ein.

e) Höchstens eines der beiden Ereignisse tritt ein.

f) *Für Spezialisten:* Genau eines der beiden Ereignisse tritt ein.

Mehrstufige Zufallsexperimente

9. In einer Urne liegen eine blaue, eine grüne und eine rote Kugel. Du nimmst eine Kugel heraus, stellst ihre Farbe fest und legst sie anschließend wieder in die Urne zurück. Das tust du insgesamt zweimal.

a) Stelle im vorbereiteten **Baum** dar, welche Versuchsergebnisse möglich sind.

b) Die Versuchsergebnisse lassen sich durch **Paare** beschreiben, z. B. $(b|b)$ oder $(b|g)$.

Gib die Ergebnismenge an.

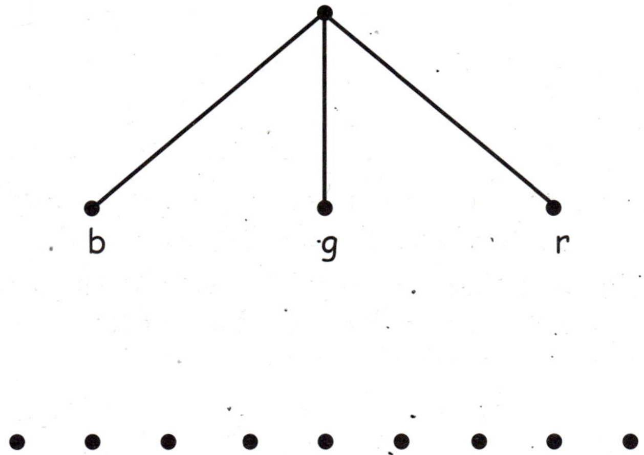

c) Mit welcher Wahrscheinlichkeit tritt jedes Ergebnis ein?

d) Pascal ändert das ZE ein wenig ab: Er legt die gezogene Kugel nicht mehr in die Urne zurück.

Zeichne den Baum und modelliere das abgeänderte Experiment.

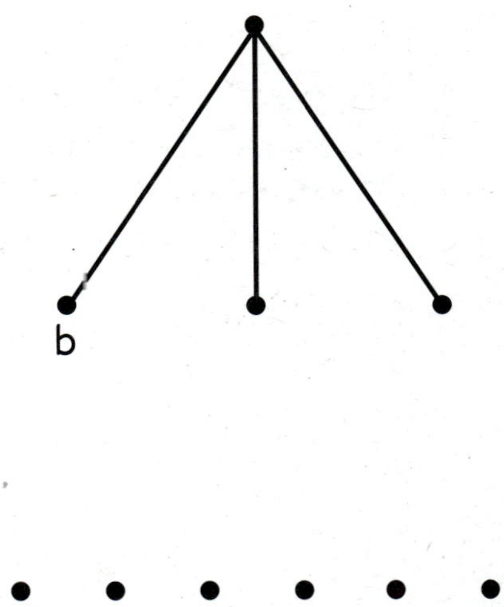

10. Jens wirft dreimal eine Münze und stellt jeweils fest, ob Wappen (w) oder Zahl (z) oben liegt.

a) Stelle mit Hilfe des vorbereiteten Baumes dar, welche Versuchsergebnisse möglich sind.

b) Die Versuchsergebnisse lassen sich durch **Tripel** beschreiben, z. B. (w | w | w) oder (w | w | z). Gib die Ergebnismenge und die Wahrscheinlichkeitsverteilung an.

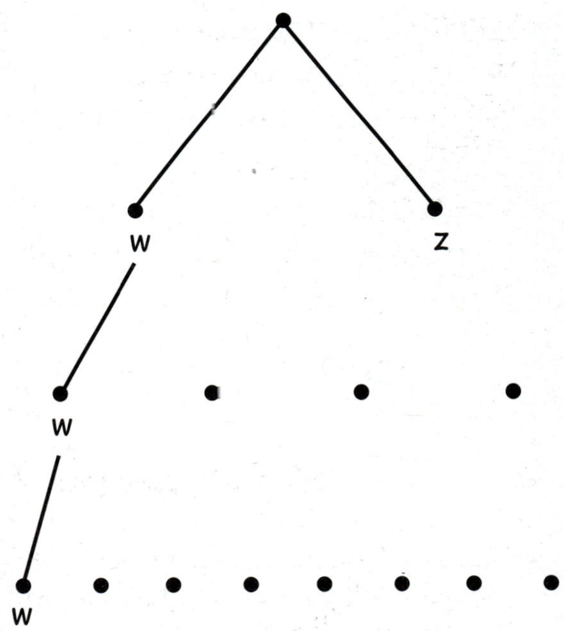

- Die Ergebnisse mehrstufiger Zufallsexperimente lassen sich durch **Tupel** beschreiben (2-Tupel heißen Paare, 3-Tupel Tripel).
- Die Ergebnismenge lässt sich durch einen Baum veranschaulichen. Jedem Ergebnis entspricht ein Weg durch den Baum.

11. ZE: Zehnmaliges Werfen einer Münze und Feststellen, welche Seite oben liegt.

a) Gib einige mögliche Ergebnisse in der **Tupel**-Schreibweise an.

b) Beschreibe den Ergebnisbaum (Anzahl der Stufen, Verzweigungszahlen in den einzelnen Stufen) und berechne die Anzahl der möglichen Ergebnisse.

c) Modelliere das ZE.

d) Elisabeth führt das ZE 1000-mal durch. Wie oft kann sie damit rechnen, das Ergebnis (w | w | w | w | w | w | w | w | w | w) zu beobachten?

12. **Multiplikationsregel**

Aus einer Urne mit sieben roten Kugeln und drei schwarzen Kugeln werden nacheinander zwei Kugeln **ohne Zurücklegen** gezogen. Kathrin hat bereits ein Baumdiagramm gezeichnet und die Ergebnismenge aufgeschrieben.

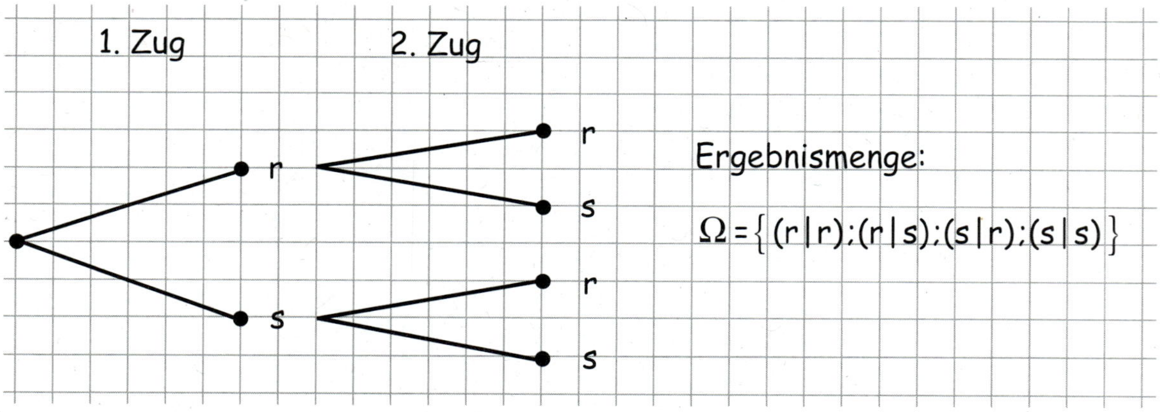

a) Kathrin entscheidet sich für folgende Wahrscheinlichkeitsverteilung:

$$P(\omega) = \frac{1}{4} \text{ für alle } \omega \in \Omega .$$

Nach kurzem Nachdenken kommen ihr Zweifel an der Wahl. Warum?

b) Finde folgende Wahrscheinlichkeiten und schreibe sie an den entsprechenden **Zweig** des Baumes:

- Wahrscheinlichkeit, beim ersten Zug eine rote Kugel zu ziehen.
- Wahrscheinlichkeit, beim ersten Zug eine schwarze Kugel zu ziehen.
- Wahrscheinlichkeit, beim zweiten Zug eine rote Kugel zu ziehen, wenn beim ersten Zug bereits eine rote Kugel gezogen worden ist.
- …

c) Die Wahrscheinlichkeitsverteilung des zweistufigen ZE muss so festgelegt werden, dass die Wahrscheinlichkeiten Schätzwerte für die relativen Häufigkeiten sind. Kathrin überlegt sich daher, wie oft das Ergebnis (r | r) ungefähr auftritt, wenn sie das Experiment 300-mal durchführt.

$\frac{6}{9}$ von ($\frac{7}{10}$ von 300) = $\frac{6}{9} \cdot (\frac{7}{10} \cdot 300) = (\frac{6}{9} \cdot \frac{7}{10}) \cdot 300 = \frac{7}{15} \cdot 300 = 140$

Erläutere Kathrins Rechnung.

d) Wie oft treten ungefähr die übrigen Ergebnisse in der Versuchsserie auf?

- (r|s):
- (s|r):
- (s|s):

e) Kannst du Kathrin bei der Wahl einer sinnvollen Wahrscheinlichkeitsverteilung helfen?

ω	(r|r)	(r|s)	(s|r)	(s|s)
P(ω)				

f) Welcher Zusammenhang besteht zwischen den Wahrscheinlichkeiten der Zweige und den Wahrscheinlichkeiten der Ergebnisse?

Multiplikationsregel für Wege

13. ZE: Aus einer Urne mit sieben roten Kugeln und drei schwarzen Kugeln werden nacheinander zwei Kugeln **mit Zurücklegen** gezogen.

a) Zeichne den Ergebnisbaum und gib die Ergebnismenge an.

b) Schreibe an jeden Zweig des Baumes die Wahrscheinlichkeit, mit der er durchlaufen wird.

c) Ermittle mit Hilfe der Multiplikationsregel für Wege die WV.

d) Der Mathelehrer macht folgendes Angebot: Ziehe aus der Urne nacheinander zwei Kugeln. Du kannst mit Zurücklegen oder ohne Zurücklegen ziehen. Wenn du zwei rote Kugeln ziehst, brauchst du keine Hausaufgaben zu machen. Für welche Variante entscheidest du dich?

14. Die in den Aufgaben 9 und 10 betrachteten ZE waren Laplace-Experimente. Daher waren die Wahrscheinlichkeitsverteilungen leicht zu bestimmen.

    Zeige: Mit Hilfe der Multiplikationsregel erhält man die gleichen Wahrscheinlichkeiten.

15. ZE: Das abgebildete Glücksrad wird dreimal gedreht, und es wird jeweils festgestellt, in welchem Sektor der Zeiger stehen bleibt.

    Bestimme mit Hilfe des vorbereiteten Baumes die Ergebnismenge und die Wahrscheinlichkeitsverteilung.

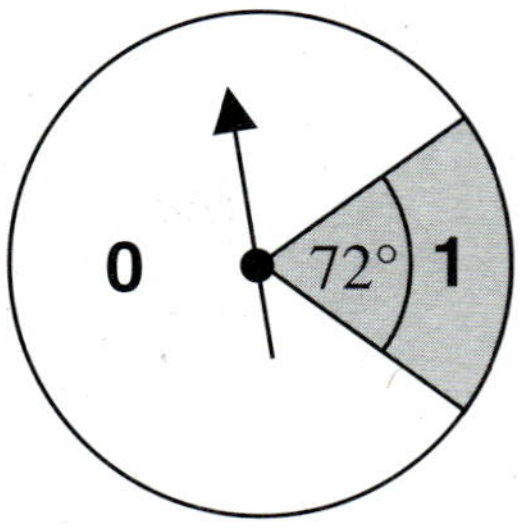

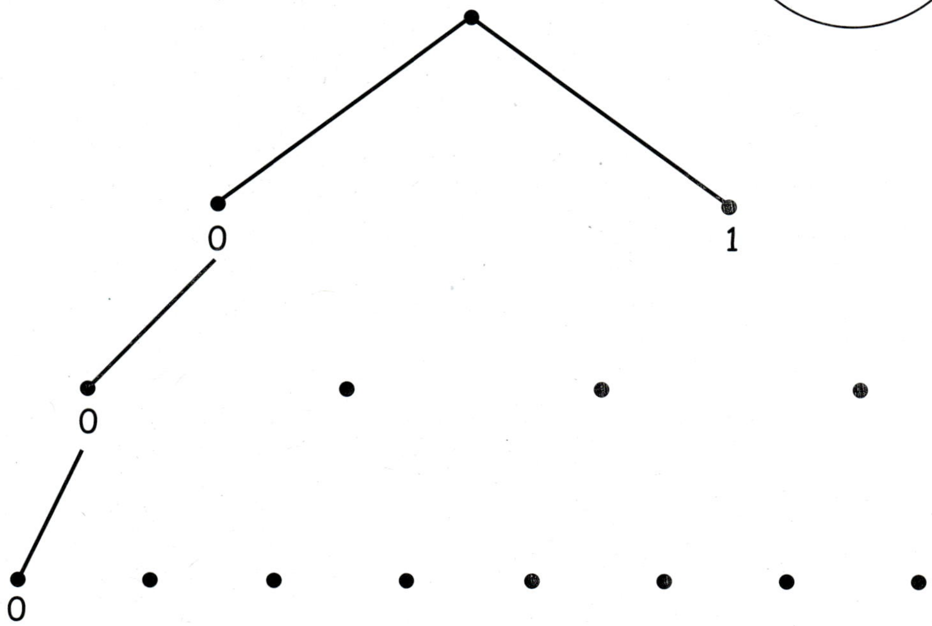

ω	P(ω)

ω	P(ω)

16. Das Glücksrad aus Aufgabe 15 wird sechsmal gedreht, und es wird jeweils festgestellt, in welchem Sektor der Zeiger stehen bleibt. Das Stehenbleiben in Sektor 1 bezeichnen wir als **Treffer**.

a) Beschreibe den Ergebnisbaum: Anzahl der Stufen, Verzweigungszahlen in den einzelnen Stufen, Wahrscheinlichkeiten der Zweige.

b) Gib die Ergebnismenge und ihre Elementanzahl an.

Ω = Menge aller

$|\Omega|$ =

c) Berechne.

- P((0|0|1|0|0|0)) =
- P((0|0|0|0|0|1)) =

Sei $\omega \in \Omega$ ein Ergebnis mit einem Treffer.

- $P(\omega)$ =

d) Bestimme die Wahrscheinlichkeitsverteilung.
Tipp: Sortiere die Ergebnisse nach der Trefferzahl.

Ergebnis mit	Wahrscheinlichkeit
0 Treffern	
1 Treffer	

17. **Additionsregel**

In einer Urne liegen zehn Kugeln: Zwei mit 1 beschriftete Kugeln, drei mit 3 beschriftete und fünf mit 5 beschriftete. Du ziehst nacheinander zwei Kugeln mit Zurücklegen.

a) Modelliere das ZE mit Hilfe des vorbereiteten Baumes.

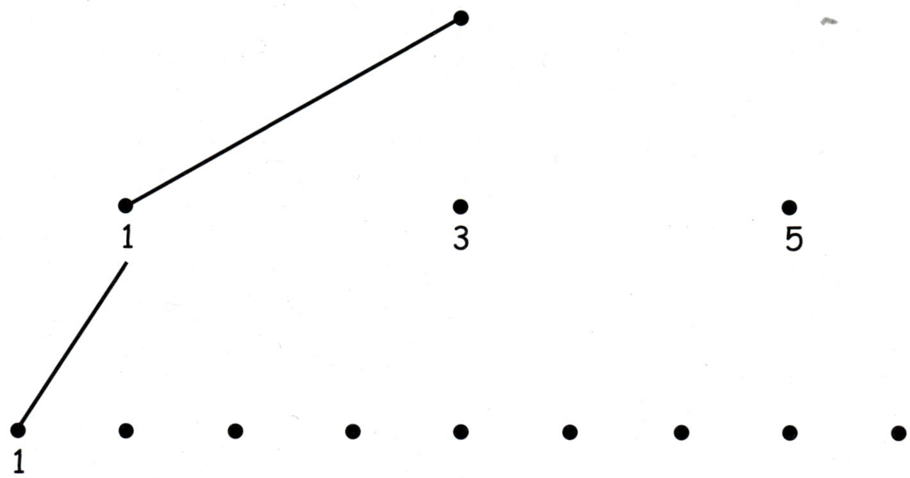

ω									
P(ω)									

b) Betrachte das Ereignis A: Die Summe der Kugelnummern ist 6.

Markiere im Ergebnisbaum die Wege, die das Ereignis A darstellen, farbig, beschreibe A durch eine Menge und berechne $P(A)$.

c) Bestimme ebenso die Wahrscheinlichkeiten folgender Ereignisse:

- B: Das Produkt der Kugelnummern ist größer als 5.
- C: Das Produkt der Kugelnummern ist eine Quadratzahl.
- D: Die Summe der Kugelnummern ist mindestens 4.

d) Formuliere eine Regel, wie du mit Hilfe des Ergebnisbaumes die Wahrscheinlichkeiten von Ereignissen berechnest.

Additionsregel für Wege

Beispiel:

Eine Urne enthält fünf Kugeln: eine blaue, eine grüne und drei rote. Es werden zwei Kugeln ohne Zurücklegen gezogen. Wie groß ist die Wahrscheinlichkeit, beim zweiten Zug die grüne Kugel zu ziehen?

- Man zeichnet den Ergebnisbaum und schreibt an die Zweige die zugehörigen Wahrscheinlichkeiten.

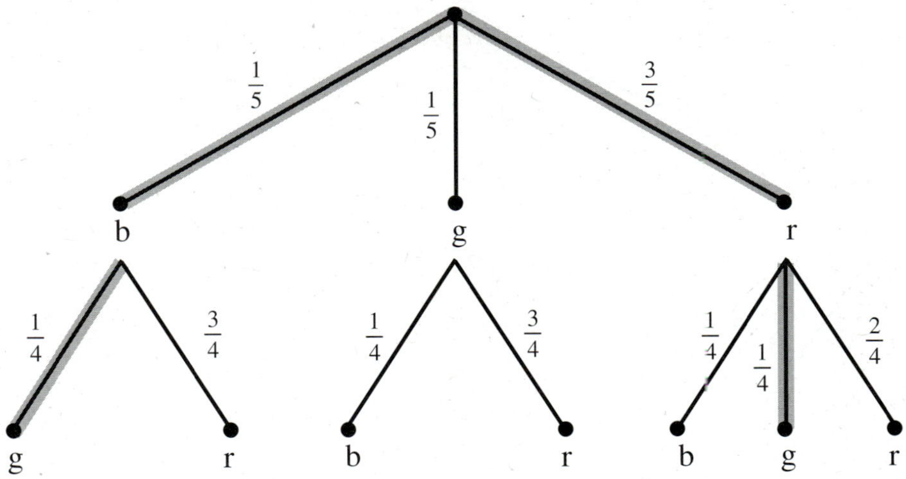

- Ereignis E: Beim zweiten Zug wird die grüne Kugel gezogen.
  Man markiert die Wege im Baum, die zum Ereignis gehören (hier: grau unterlegt).
- Man berechnet die Wahrscheinlichkeit von E mit Hilfe der Additions- und Multiplikationsregel für Wege:

$$P(E) = \frac{1}{5}\cdot\frac{1}{4} + \frac{3}{5}\cdot\frac{1}{4} = \frac{1}{20} + \frac{3}{20} = \frac{1}{5}\,.$$

18. **Glücksspiel**

Zuerst drehst du das linke Rad. Bleibt der Zeiger auf dem dunklen Sektor stehen, musst du das dunkle Glücksrad drehen, sonst das helle. Du gewinnst den jeweils angezeigten Betrag.

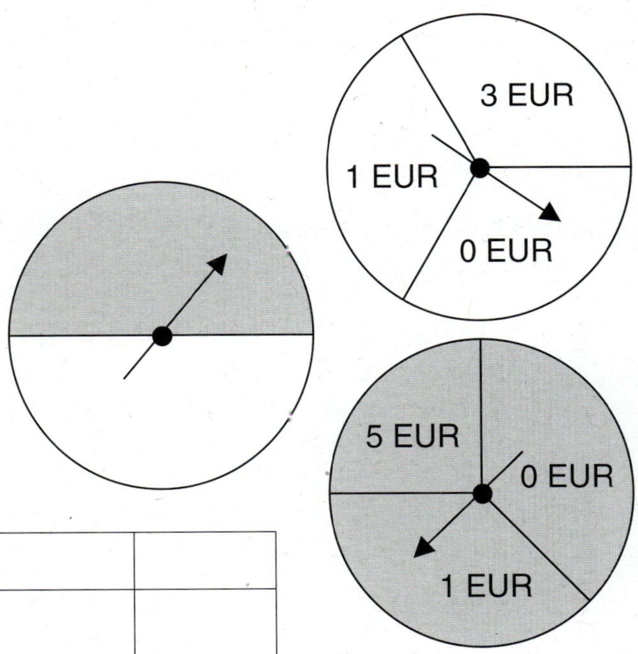

a) Berechne die Wahrscheinlichkeiten der einzelnen Gewinne und trage deine Ergebnisse in der Tabelle ein.

Gewinn				
Wahrscheinlichkeit				

b) Lohnt sich das Spiel für dich bei einem Einsatz von 1 EUR?

Anleitung: Berechne den Gewinn / Verlust, den du bei 480 Spielen zu erwarten hast.

c) Ab welchem Einsatz würdest du nicht mehr spielen?

Dreizehn Baum-Aufgaben

19. ZE: Du ziehst aus einem Skatspiel (32 Karten) nacheinander zwei Karten ohne Zurücklegen und stellst jeweils die Farbe (**K**reuz, **P**ik, **H**erz, **C**aro) fest.

    a) Vervollständige den Ergebnisbaum.

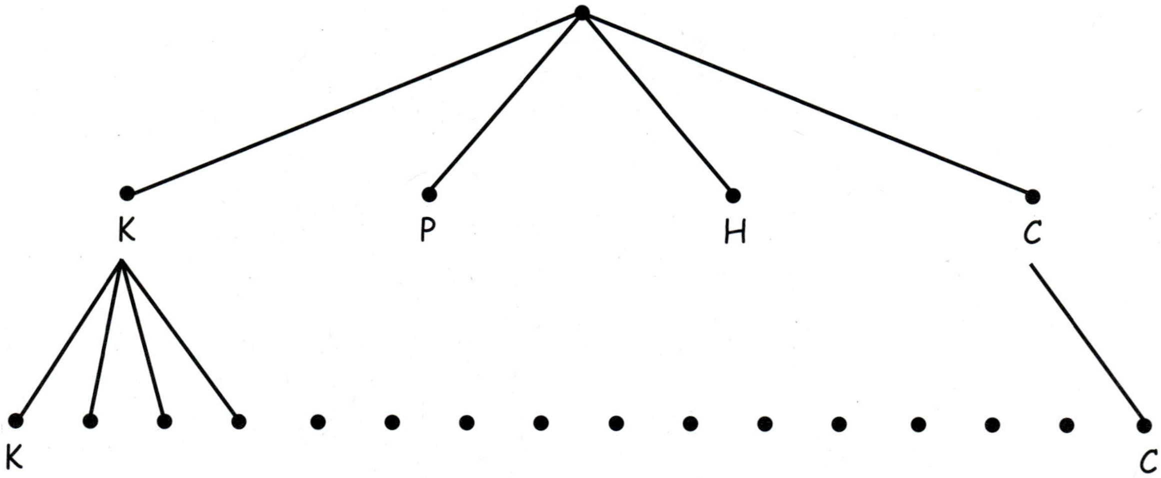

    b) Bestimme die Wahrscheinlichkeitsverteilung.

    c) Berechne die Wahrscheinlichkeiten folgender Ereignisse:
    - *A*: Die erste Karte ist eine Herzkarte.
    - *B*: Nur die erste Karte ist eine Herzkarte.
    - *C*: Nur die zweite Karte ist eine Herzkarte.
    - *D*: Genau eine Herzkarte wird gezogen.
    - *E*: Mindestens eine Herzkarte wird gezogen.

    d) Du ziehst aus dem Skatspiel nacheinander drei Karten ohne Zurücklegen. Wie groß ist die Wahrscheinlichkeit, dass du lauter Herzkarten ziehst?

20. ZE: Du drehst die drei Glücksräder und stellst jeweils fest, in welchem Sektor (hell, dunkel) der Zeiger stehen bleibt.

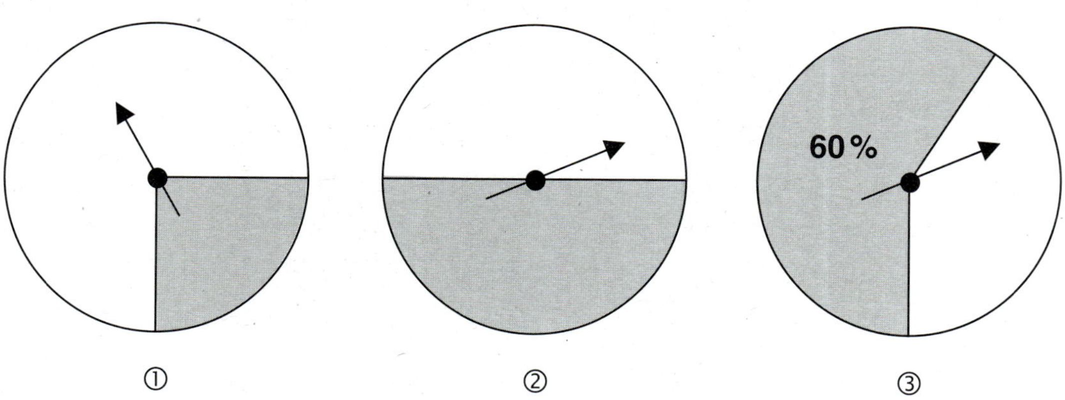

a) Stelle im vorbereiteten Ergebnisbaum alle möglichen Ergebnisse dar und bestimme die Wahrscheinlichkeitsverteilung.

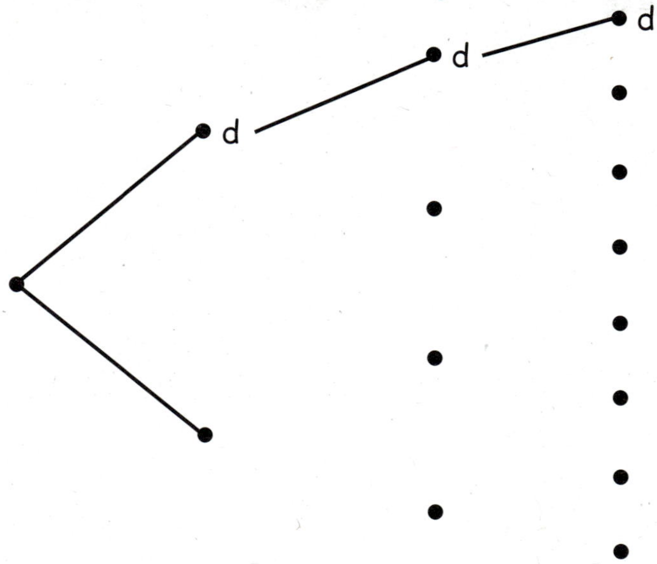

ω	$P(\omega)$

b) Berechne die Wahrscheinlichkeiten folgender Ereignisse:

A: Genau zwei Zeiger bleiben im dunklen Sektor stehen.

B: Mindestens zwei Zeiger bleiben im dunklen Sektor stehen.

C: Höchstens zwei Zeiger bleiben im dunklen Sektor stehen.

c) Beschreibe das Gegenereignis von B mit Worten und berechne seine Wahrscheinlichkeit.

21. **Glücksspiel**

Die beiden abgebildeten Glücksräder haben je zehn gleich große Sektoren.

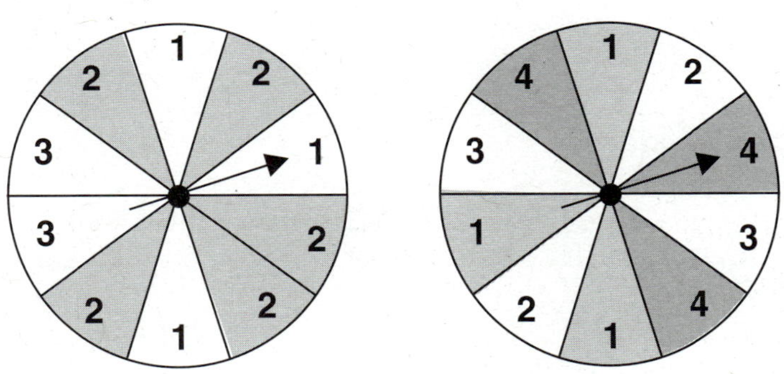

Die Klasse 9a bietet auf dem Schulfest folgendes Glücksspiel an:

Man dreht beide Glücksräder und bekommt 3 € ausbezahlt, wenn beide Zeiger auf derselben Zahl stehen bleiben. Der Einsatz beträgt 1 €.

a) Zeichne den Ergebnisbaum und schreibe an die Zweige die zugehörigen Wahrscheinlichkeiten.

b) Berechne die Wahrscheinlichkeit für einen Gewinn.

c) Am Schulfest wird das Spiel 1000-mal gespielt. Mit welchem Gewinn kann die Klasse rechnen?

d) Thomas schlägt eine andere Gewinnregel vor: Man gewinnt 3 €, wenn auf dem linken Glücksrad eine größere Zahl als auf dem rechten angezeigt wird.
Was hältst du von dem Vorschlag?

22. **Bernoulli-Kette**

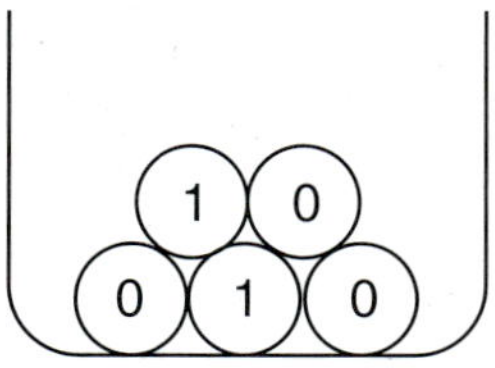

Aus der abgebildeten Urne ziehst du viermal eine Kugel mit Zurücklegen und stellst jeweils ihre Nummer fest.

a) Zeichne den Ergebnisbaum.

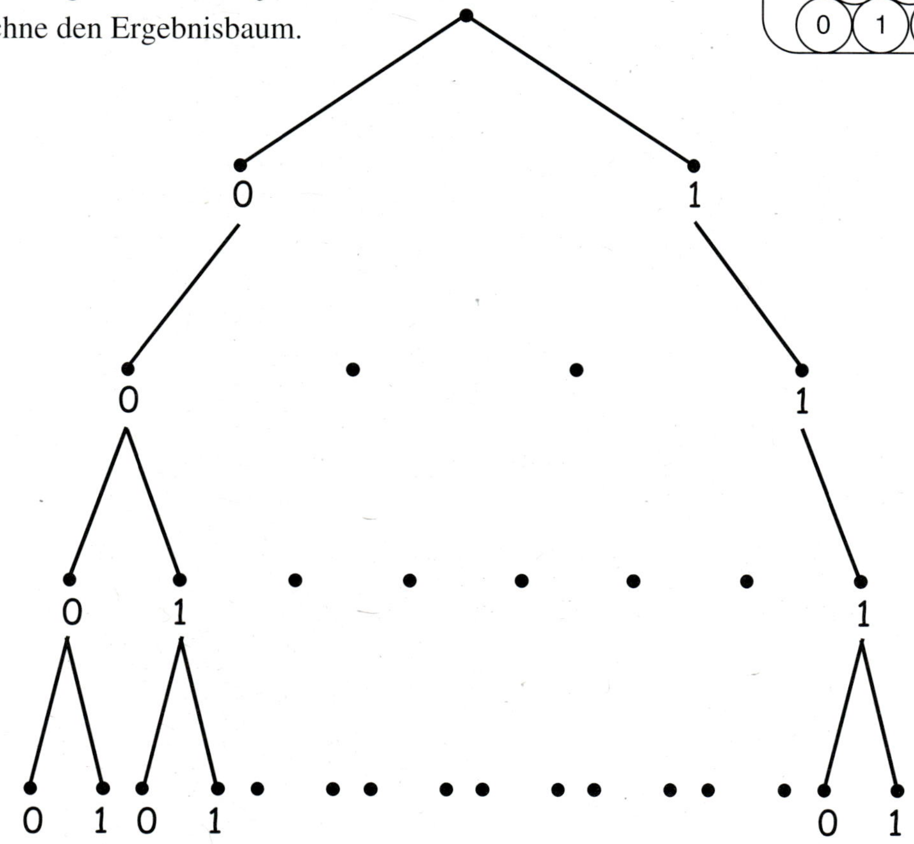

b) Mit welchen Wahrscheinlichkeiten werden die einzelnen Zweige des Baumes durchlaufen?

- Zweige, die bei 0 enden:
- Zweige, die bei 1 enden:

c) Das Ziehen einer Kugel mit der Nummer 1 bezeichnen wir als **Treffer**. Für die Wahrscheinlichkeit „Genau zwei Treffer" schreiben wir $P(T=2)$. Berechne diese Wahrscheinlichkeit.

P(T = 2) =

d) Berechne ebenso:

P(T = 0) =

P(T = 1) =

P(T = 3) =

P(T = 4) =

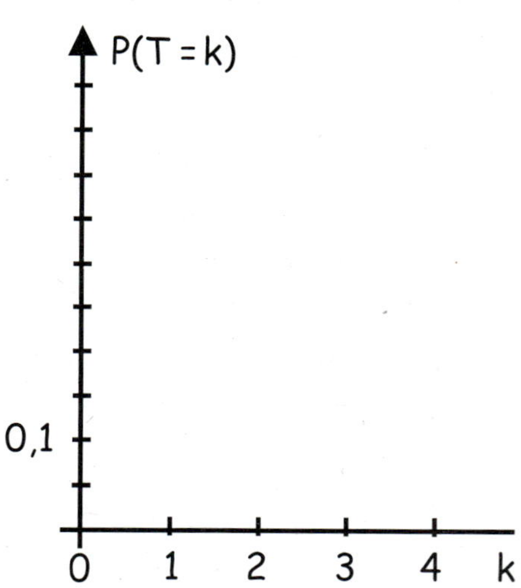

Veranschauliche die Wahrscheinlichkeiten $P(T=k)$ in einem **Stabdiagramm**.

e) Berechne.

$P(T \leq 1) =$

$P(T \leq 2) =$

$P(T \leq 3) =$

$P(T \leq 4) =$

23. **Höhere Augenzahl gewinnt**

Die Abbildung zeigt die Netze zweier besonderer Spielwürfel.

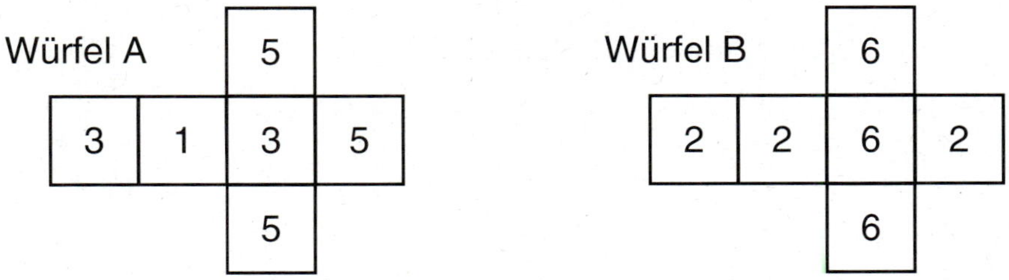

Gespielt wird zu zweit. Jeder Spieler nimmt sich einen Würfel und dann wird gegeneinander gewürfelt. Gewonnen hat der Spieler, der die höhere Augenzahl erzielt.

a) Wenn du die Wahl hast, welchen der beiden Würfel wählst du?

Entscheide ohne zu rechnen.

b) Berechne mit Hilfe eines Baumdiagramms die Wahrscheinlichkeit, mit dem Würfel A (mit dem Würfel B) zu gewinnen.

c) Ändere auf dem Würfel A eine Zahl so ab, dass man mit dem Würfel A öfter gewinnt als mit dem Würfel B.

d) Kann man durch Abändern einer Zahl auf dem Würfel A erreichen, dass das Spiel fair wird?

24. **Warten auf die Sechs**

ZE: Du spielst mit einem Spielwürfel, bis die Sechs erscheint, höchstens aber dreimal.

a) Modelliere das ZE mit Hilfe eines Ergebnisbaumes.

Verwende die Bezeichnungen 6 („Sechs fällt“) und $\overline{6}$ („Sechs fällt nicht“).

ω	$P(\omega)$

b) Lohnt es sich zu wetten, dass die Sechs gewürfelt wird?

c) Matthias hat beschlossen so oft zu würfeln, bis die Sechs fällt.

Zeige: Die Wahrscheinlichkeit, dass nach n Würfen ($n \in \mathbb{N}^*$) noch keine Sechs gefallen ist, beträgt $\left(\frac{5}{6}\right)^n$.

Ab welchem n ist die Wahrscheinlichkeit, dass noch keine Sechs gefallen ist, kleiner als 10 % ?

25. **Geburtstagsproblem**

Sarah hat am 6. Juli Geburtstag. Von ihrer Freundin Selina möchte sie wissen, wie wahrscheinlich es ist, dass wenigstens einer ihrer 20 Geburtstagsgäste am gleichen Tag geboren ist.

a) Selina löst das Problem mit einem Baumdiagramm.

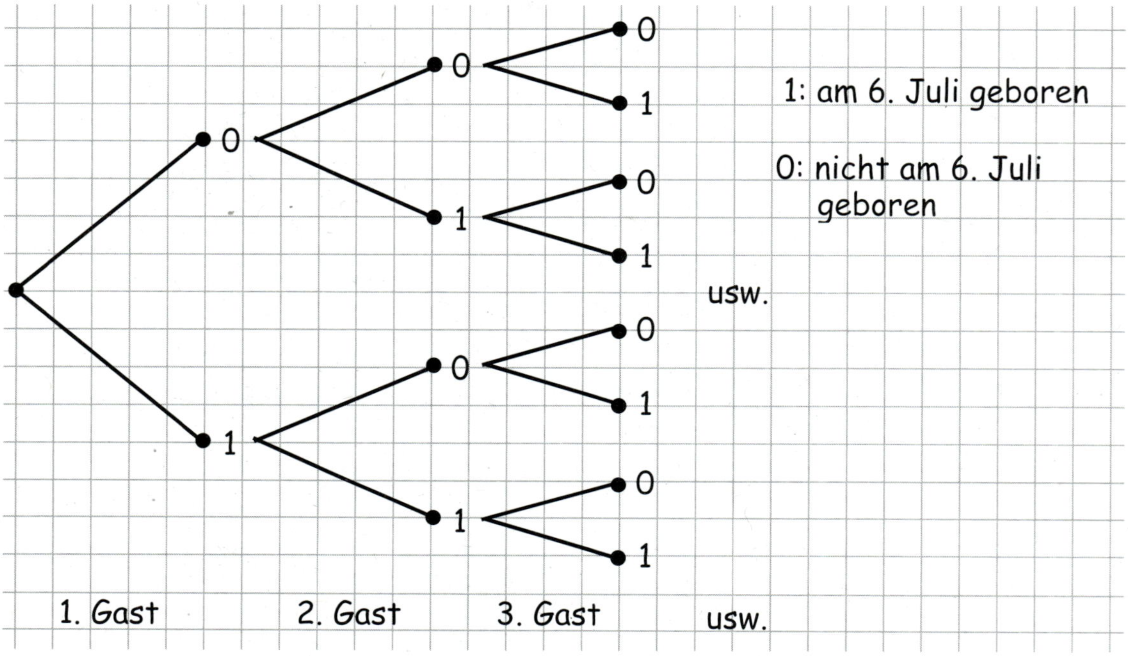

Beschreibe den Baum: Anzahl der Stufen, Anzahl der Wege, Wahrscheinlichkeiten der Zweige.

b) Selina berechnet die Wahrscheinlichkeit, dass keiner der Gäste am 6. Juli Geburtstag hat, und kann dann Sarahs Frage beantworten. Führe die Rechnung durch.

c) *Zum Weiterdenken:* Wie viele Geburtstagsgäste müsste Sarah einladen, damit mit 50%iger Wahrscheinlichkeit wenigstens einer darunter ist, der zusammen mit ihr Geburtstag hat?

26. **Hunde-Wahrscheinlichkeit**

Wurzel sitzt vor dem PC und schlägt in einem Textverarbeitungsprogramm viermal nacheinander wahllos eine der 26 Buchstabentasten an.

a) Das Anschlagen der Tasten ist ein mehrstufiges ZE. Beschreibe den Ergebnisbaum: Anzahl der Stufen, Verzweigungen und Wege, Wahrscheinlichkeiten der Zweige.

b) Mit welcher Wahrscheinlichkeit erscheint auf dem Bildschirm das Wort **hund** ?

c) Wurzel führt das ZE 500 000-mal durch. Wie oft kann man in dieser Versuchsserie das Wort **hund** auf dem Bildschirm erwarten?

27. **Multiple-Choice-Test**

1. Die Hauptstadt von Kanada ist
   - ☐ Montreal
   - ☐ Quebec
   - ☐ Ottawa
2. Die Länge des Nils beträgt
   - ☐ 5160 km
   - ☐ 5820 km
   - ☐ 6670 km
3. …

Ein Multiple-Choice-Test besteht aus vier Fragen. Bei jeder Frage muss von drei vorgegebenen Antworten die richtige angekreuzt werden. Willi hat keinerlei Sachwissen und kreuzt bei jeder Frage auf gut Glück eine Antwort an.

a) Willis Testbearbeitung ist ein mehrstufiges ZE. Beschreibe den dazugehörigen Ergebnisbaum.

b) Wie groß ist die Wahrscheinlichkeit, dass Willi
- alle vier Fragen richtig beantwortet,
- keine Frage richtig beantwortet?

c) Wie groß ist die Wahrscheinlichkeit, dass er wenigstens drei Fragen richtig beantwortet?

Anleitung: Zeichne den **Teilbaum**, der das Ereignis „Wenigstens drei Antworten richtig“ darstellt. Der Anfang ist gemacht.

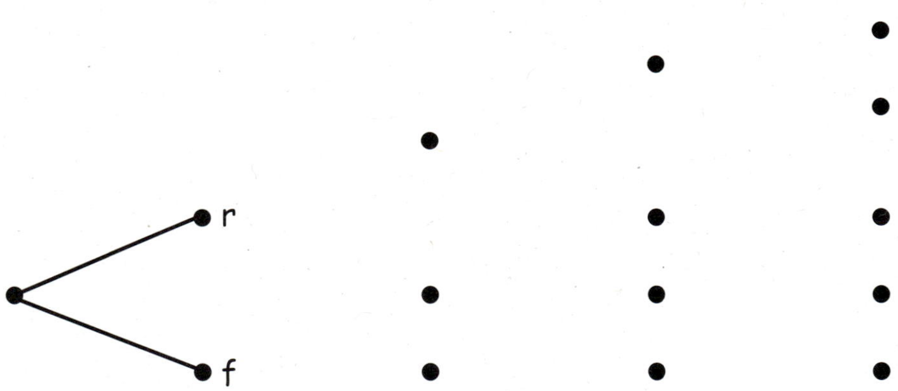

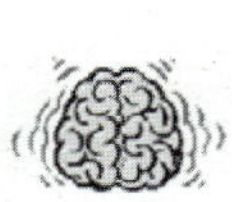

d) *Zum Weiterdenken:* Ein Multiple-Choice-Test besteht aus zehn Fragen mit jeweils drei Antwortmöglichkeiten. Der Test ist bestanden, wenn mindestens neun Fragen richtig beantwortet sind. Mit welcher Wahrscheinlichkeit besteht Willi den Test?

Zusatzfrage: Wie stehen Willis Chancen, wenn jeweils nur zwei Antwortmöglichkeiten gegeben sind?

28. **Seelenverwandtschaft?**

In einer Fernsehshow werden zehn Personen aufgefordert, sich unabhängig voneinander eine der Zahlen von 1 bis 100 zu merken. Der Showmaster behauptet, Personen, die dieselbe Zahl auswählen, seien seelenverwandt.

Julia bezweifelt diese Aussage und beschließt, die Wahrscheinlichkeit des Ereignisses

E: Mindestens zwei Personen haben dieselbe Zahl gewählt

zu berechnen.

a) Julia bezeichnet mit z_k die Zahl, die die k-te Person gewählt hat $(k = 1, \dots, 10)$ und stellt die möglichen Versuchsergebnisse in einem Ergebnisbaum dar.

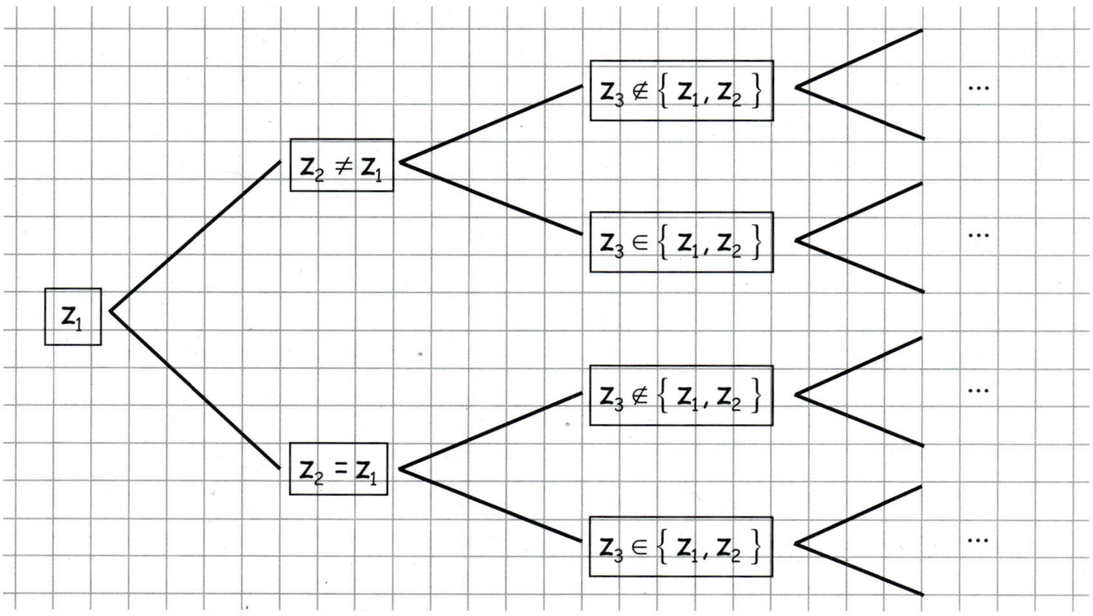

Erkläre die Darstellung. Wie viele Stufen und Wege hat der Baum? Schreibe an die Zweige die Wahrscheinlichkeiten, mit denen sie durchlaufen werden.

b) Für das Ereignis E gibt es viele Wege im Baum. (Wie viele?)
Lena berechnet daher $P(E)$ mit Hilfe der Gegenereignisregel.

c) *In der Klasse:* Jeder Schüler merkt sich eine Zahl von 1 bis 100.

- Berechnet die Wahrscheinlichkeit, dass mindestens zwei Schüler dieselbe Zahl gewählt haben.
- Führt das Experiment mehrmals durch und vergleicht den experimentellen Befund mit der theoretisch gefundenen Wahrscheinlichkeit.

29. **Problem der Anteile**

Die Spieler *a*, *b*, *c* spielen bei einem Einsatz von 90 € je Spieler folgendes Glücksspiel:

Das abgebildete Glücksrad wird gedreht und derjenige Spieler erhält einen Punkt, in dessen Sektor der Zeiger stehen bleibt. Wer zuerst 10 Punkte hat, gewinnt den gesamten Einsatz.

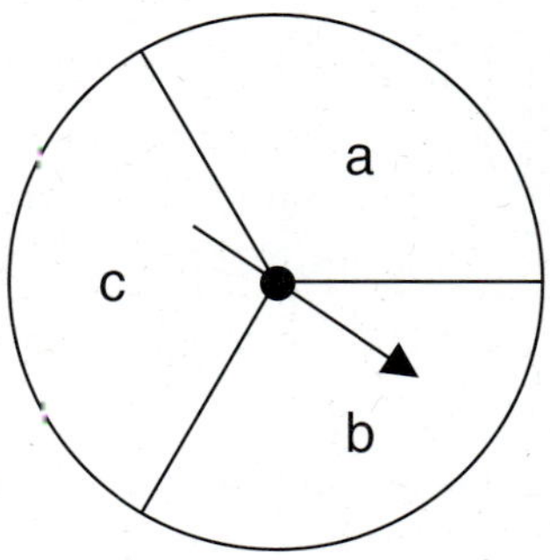

Nach 24 Runden muss das Spiel bei folgendem Punktestand abgebrochen werden: 9 Punkte für *a*, 8 Punkte für *b* und 7 Punkte für *c*.

a) Es stellt sich das Problem, wie der Einsatz von 270 € auf die Spieler verteilt werden soll. Hast du eine Idee?

b) Die Spieler haben sich auf folgende Regel geeinigt: Der Einsatz wird im Verhältnis der Wahrscheinlichkeiten für den Sieg aufgeteilt. Sie stellen daher in einem Baum die möglichen Fortsetzungen des Spiels dar. Vervollständige den Baum.

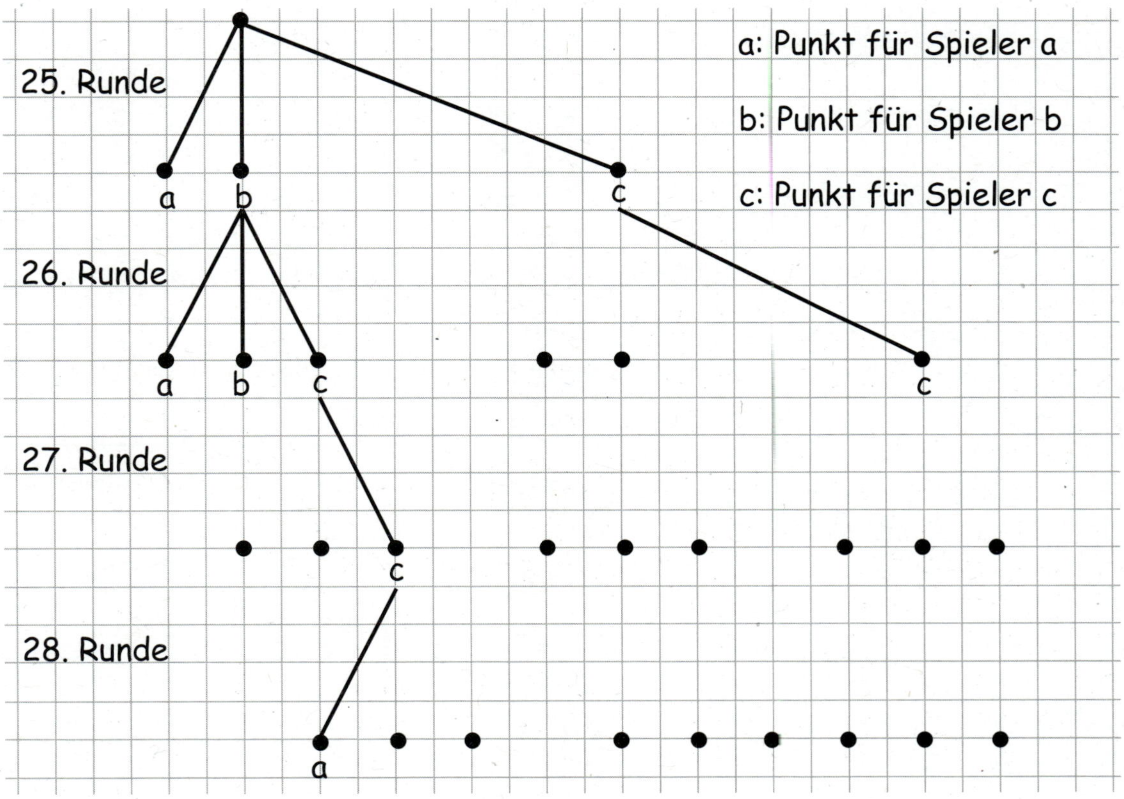

c) Berechne die Wahrscheinlichkeiten folgender Ereignisse:

A: Spieler *a* gewinnt.

B: Spieler *b* gewinnt.

C: Spieler *c* gewinnt.

d) Wie viel Geld bekommt jeder Spieler zurück?

30. **Verteilung von Kugeln**

Vier Kugeln werden zufällig auf drei Fächer verteilt.

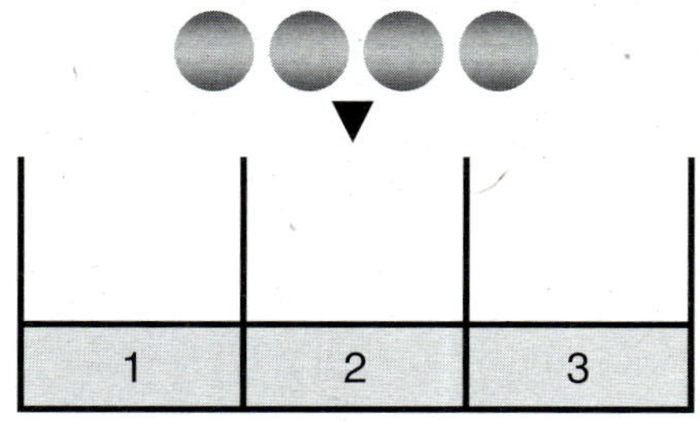

a) Die untere Abbildung zeigt die ersten Stufen des Ergebnisbaumes.

Beschreibe den Baum, und gib die Ergebnismenge Ω an.

b) Berechne die Wahrscheinlichkeiten der Ereignisse:

L_1 : Das erste Fach bleibt leer.

L_2 : Das zweite Fach bleibt leer.

L_3 : Das dritte Fach bleibt leer.

Anleitung:

Zeichne den Teilbaum, der das Ereignis L_1 darstellt.

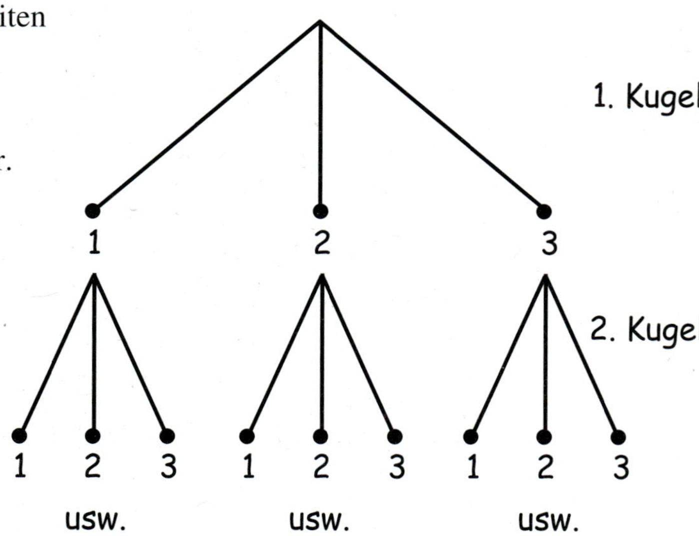

c) Drücke das Ereignis „Alle Kugeln landen im dritten Fach" durch die Ereignisse L_i aus und bestimme seine Wahrscheinlichkeit.

d) Berechne die Wahrscheinlichkeit, dass das erste oder das zweite Fach (oder beide) leer bleiben.

e) *Einschub:*

Begründe an nebenstehendem Mengendiagramm die Formel

$\left(L_1 \cup L_2\right) \cap L_3 = \left(L_1 \cap L_3\right) \cup \left(L_2 \cap L_3\right).$

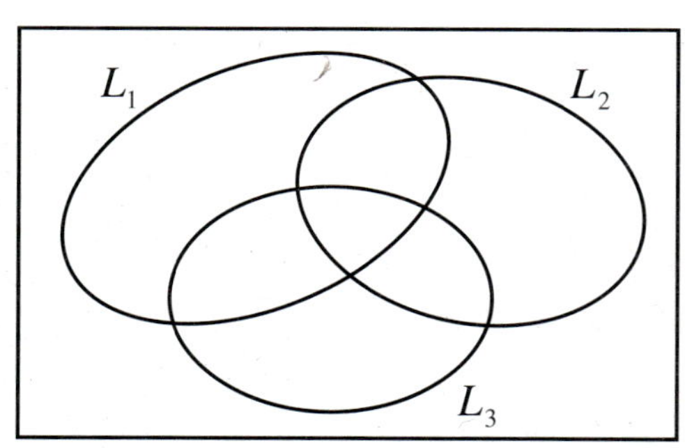

f) Drücke das Ereignis „Mindestens ein Fach bleibt leer" durch die Ereignisse L_i aus und berechne seine Wahrscheinlichkeit.

g) Wie groß ist die Wahrscheinlichkeit, dass kein Fach leer bleibt?

h) *Zum Weiterdenken:*

Wie groß ist die Wahrscheinlichkeit, dass bei der Verteilung von fünf Kugeln auf drei Fächer kein Fach leer bleibt?

31. **Schülerbefragung**

a) Die Schulzeitung eines Gymnasiums führte bei den Schülern mit nebenstehendem Fragebogen eine Umfrage über das Rauchverhalten durch.

Antworte ehrlich!
Rauchst du heimlich in der Schule?
☐ Ja ☐ Nein
Anonymität wird zugesichert.

280 der 900 Schüler haben den Fragebogen abgegeben, 252 davon haben „Nein“ angekreuzt.

Was hältst du von dieser Befragung?

b) Wegen des geringen Rücklaufs wurde ein zweiter Fragebogen entwickelt und an die Schüler verteilt.

Wirf einen Spielwürfel.
Wenn das Ergebnis 1, 2, 5 oder 6 ist, beantworte Item 1, sonst Item 2.
1. Ich rauche heimlich in der Schule.
2. Ich rauche nicht in der Schule.
☐ Ja ☐ Nein

Warum kann man jetzt mit einer größeren Bereitschaft zur Teilnahme und mit größerer Ehrlichkeit rechnen?

c) Die Beantwortung des Fragebogens ist ein zweistufiges ZE.

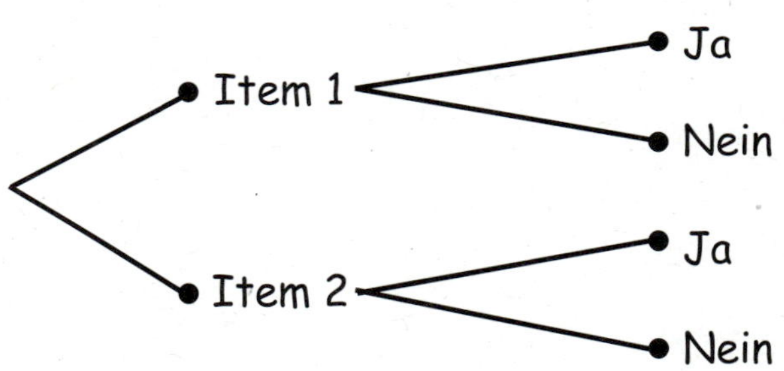

Schreibe an die Zweige die zugehörigen Wahrscheinlichkeiten und berechne die Wahrscheinlichkeit, dass ein Schüler den Fragebogen mit „Ja“ beantwortet.

P(„Ja“) =

d) Der Fragebogen wurde von 816 Schülern zurückgegeben, 351 dieser Schüler haben „Ja“ angekreuzt. Wie groß ist in etwa die Anzahl der heimlichen Raucher?

Bedingte Wahrscheinlichkeit

32. ZE: Eine Urne enthält 15 Kugeln. Eine Kugel mit der Nummer 1, zwei Kugeln mit der Nummer 2, ... , fünf Kugeln mit der Nummer 5. Die Kugeln mit den Nummern 1, 2 und 3 sind rot, die übrigen weiß. Du ziehst eine Kugel und stellst ihre Nummer fest.

a) Gib die WV an.

ω					
P(ω)					

b) Jonas sieht bei einem Versuch, dass die gezogene Kugel rot ist, erkennt aber die Nummer nicht. Wie groß sind jetzt die Wahrscheinlichkeiten für die einzelnen Ergebnisse?

Ereignis B: Die gezogene Kugel ist rot.

- Wahrscheinlichkeit des Ergebnisses 1, wenn das Ereignis B eingetreten ist: $P_B(1)$ =
- Wahrscheinlichkeit des Ergebnisses 2, wenn das Ereignis B eingetreten ist: $P_B(2)$ =
-
-

Trage deine Ergebnisse in der dritten Zeile der obigen Tabelle ein.

c) Betrachte das Ereignis *A*: Die Nummer der gezogenen Kugel ist ungerade.

- Wie groß ist die Wahrscheinlichkeit von A, wenn du nichts über die Farbe der Kugel weißt?
- Wie groß ist die Wahrscheinlichkeit von A, wenn du weißt, dass die gezogene Kugel rot ist?

  $P_B(A)$ =
- Vergleiche die beiden Wahrscheinlichkeiten:

d) Betrachte das Ereignis A': Die Nummer der gezogenen Kugel ist gerade.
Berechne die Wahrscheinlichkeiten $P(A')$ und $P_B(A')$ und vergleiche sie.

Gegeben sind ein Zufallsexperiment, ein Ergebnis ω und zwei Ereignisse A und B.

- $P_B(\omega)$ = die Wahrscheinlichkeit des Ergebnisses ω unter der Bedingung, dass das Ereignis B eingetreten ist.
- $P_B(A)$ = die Wahrscheinlichkeit des Ereignisses A unter der Bedingung, dass das Ereignis B eingetreten ist.

Man nennt $P_B(A)$ auch **bedingte Wahrscheinlichkeit von A unter der Bedingung B.**

33. a) ZE: Du ziehst aus einer Urne mit fünf roten, drei schwarzen und zwei weißen Kugeln eine Kugel und stellst ihre Farbe fest.

Bedingung B:
Die gezogene Kugel ist nicht weiß.

Bestimme für jedes Ergebnis ω die Wahrscheinlichkeiten $P(\omega)$ und $P_B(\omega)$.

ω			
$P(\omega)$			
$P_B(\omega)$			

b) ZE: Du wirfst zweimal eine Münze und stellst jeweils fest, welche Seite oben liegt.
Bedingung B: Beim ersten Wurf liegt Zahl oben.
Bedingung C: Mindestens einmal liegt Wappen oben.
Bestimme für jedes Ergebnis ω die Wahrscheinlichkeiten $P(\omega)$, $P_B(\omega)$ und $P_C(\omega)$.

ω				
$P(\omega)$				
$P_B(\omega)$				
$P_C(\omega)$				

c) ZE: Du drehst das abgebildete Glücksrad und stellst fest, in welchem Sektor der Zeiger stehen bleibt.
Bedingung B: Die Sektornummer ist größer als 3.
Bedingung C: Die Sektornummer ist gerade.
Bestimme für jedes Ergebnis ω die Wahrscheinlichkeiten $P(\omega)$, $P_B(\omega)$, $P_C(\omega)$ und $P_{B\cap C}(\omega)$.
Stelle deine Ergebnisse in einer Tabelle dar.

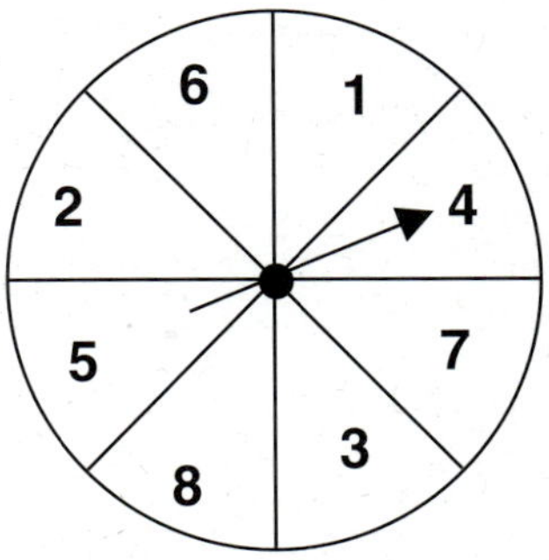

34. ZE: Drehen des abgebildeten Glücksrades.

a) Bestimme die Wahrscheinlichkeitsverteilung.

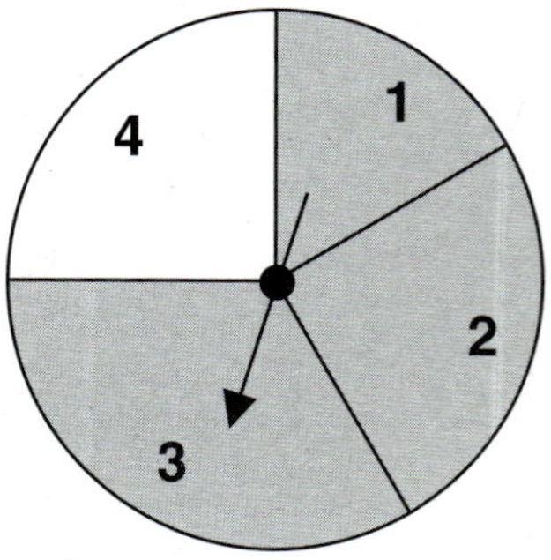

ω				
Mittelpunkts-winkel				
$P(\omega)$				
$P_B(\omega)$				

b) Bei einem Versuch ist das Ereignis
B: Der Zeiger bleibt im grauen Bereich stehen
eingetreten.
Bestimme die bedingten Wahrscheinlichkeiten $P_B(\omega)$ und vervollständige die Tabelle in a).

c) Wie hängt $P_B(\omega)$ mit $P(\omega)$ und $P(B)$ zusammen?
Anleitung: Berechne den Anteil der Zahl $P(\omega)$ an der Zahl $P(B)$.

- $P(B) = \frac{3}{4}$
-
-
-

d) Vervollständige.

Gegeben ist ein ZE, ein Ergebnis ω und ein Ereignis B.

Für die Wahrscheinlichkeit des Ergebnisses ω unter der Bedingung, dass das Ereignis B eingetreten ist, gilt:

$P_B(\omega) =$

35. Peter besitzt einen verfälschten Spielwürfel, zu dem folgende Wahrscheinlichkeitsverteilung gehört.

ω	1	2	3	4	5	6
$P(\omega)$	0,3	0,1	0,15	0,2	0,15	0,1

a) Betrachte das Ereignis B: Die Augenzahl ist ungerade.
Berechne die bedingten Wahrscheinlichkeiten $P_B(1), \dots, P_B(6)$.

b) Petra und Peter wollen die Bedeutung der Zahl $P_B(1)$ herausfinden.

Peter: Stell dir vor, wir machen eine Versuchsreihe mit 1000 Versuchen.

Petra: Dann tritt das Ereignis B ungefähr   -mal ein, und die Augenzahl 1 wird ungefähr   -mal gewürfelt.

Peter: Jetzt können wir ausrechnen, in ungefähr welchem Anteil der Versuche, bei denen das Ereignis B eintritt, die Augenzahl 1 gewürfelt wird.

Führe den Gedankengang zu Ende.

c) Betrachte das Ereignis C: Die Augenzahl ist ungleich 4 und bestimme die bedingten Wahrscheinlichkeiten $P_C(1), \dots, P_C(6)$.

36. ZE: Eine Urne enthält 16 Kugeln. Je drei mit den Nummern 1 bis 3, je zwei mit den Nummern 4 und 5 und jeweils eine mit den Nummern 6 bis 8. Du ziehst eine Kugel und stellst ihre Nummer fest.

Bedingung B: Die gezogene Nummer ist durch 2 oder 3 teilbar.

a) Gib für jedes Ergebnis ω die Wahrscheinlichkeiten $P(\omega)$ und $P_B(\omega)$ an.

ω								
$P(\omega)$								
$P_B(\omega)$								

b) Betrachte das Ereignis A: Die gezogene Nummer ist größer als 3. Berechne die Wahrscheinlichkeit von A unter der Bedingung, dass das Ereignis B eingetreten ist.

c) Julia hat für die bedingte Wahrscheinlichkeit $P_B(A)$ eine Formel hergeleitet.
Begründe die Rechenschritte.

$$P_B(A) = P_B(4) + P_B(5) + P_B(6) + P_B(7) + P_B(8)$$

$$= P_B(4) + P_B(6) + P_B(8)$$

$$= \frac{P(4)}{P(B)} + \frac{P(6)}{P(B)} + \frac{P(8)}{P(B)} = \frac{P(4)+P(6)+P(8)}{P(B)}$$

Also: $P_B(A) = \frac{P(A \cap B)}{P(B)}$.

d) Betrachte das Ereignis C: Die gezogene Nummer ist kleiner als 5.
Verwende Julias Formel zur Berechnung der Wahrscheinlichkeiten $P_B(C)$ und $P_C(B)$.

Formel für die bedingte Wahrscheinlichkeit

Gegeben sind ein ZE und zwei Ereignisse A und B mit $P(B) \neq 0$.

Für die Wahrscheinlichkeit des Ereignisses A unter der Bedingung, dass das Ereignis B eingetreten ist, gilt:

$$P_B(A) = \frac{P(A \cap B)}{P(B)} .$$

Beispiel:

Eine Urne enthält je drei Kugeln mit den Nummern 11 bis 15 und je eine Kugel mit den Nummern 16 bis 20. Du ziehst eine Kugel und stellst ihre Nummer fest. Wie groß ist die Wahrscheinlichkeit, dass die Quersumme der Kugelnummer kleiner als 6 ist, unter der Bedingung, dass die Kugelnummer gerade ist?

- Modellierung des ZE: $\Omega = \{11; 12; 13; \ldots; 20\}$

$$P(\omega) = \begin{cases} \frac{3}{20}, & \text{wenn } \omega \in \{11; 12; 13; 14; 15\} \\ \frac{1}{20}, & \text{wenn } \omega \in \{16; 17; 18; 19; 20\} \end{cases}$$

- Ereignisse: Ereignis A: Die Quersumme der Kugelnummer ist kleiner als 6.
  Ereignis B: Die Kugelnummer ist gerade.
- Die zugehörigen Mengen: $A = \{11; 12; 13; 14; 20\}$
  $B = \{12; 14; 16; 18; 20\}$
  $A \cap B = \{12; 14; 20\}$
- Wahrscheinlichkeiten: $P(A \cap B) = P(12) + P(14) + P(20) = \frac{7}{20}$
  $P(B) = P(12) + P(14) + P(16) + P(18) + P(20) = \frac{9}{20}$
- Bedingte Wahrscheinlichkeit: $P_B(A) = \frac{P(A \cap B)}{P(B)} = \frac{\frac{7}{20}}{\frac{9}{20}} = \frac{7}{9}$.

37. a) Eine Urne enthält zehn von 11 bis 20 durchnummerierte Kugeln. Du ziehst eine Kugel und stellst ihre Nummer fest.

   Wie groß ist die Wahrscheinlichkeit, dass die Quersumme der Kugelnummer kleiner als 6 ist, unter der Bedingung, dass die Kugelnummer gerade ist?

   b) Gib eine Formel für die **bedingte Laplace-Wahrscheinlichkeit** an.

   Bei einem Laplace-Experiment gilt für die Wahrscheinlichkeit eines Ereignisses A unter der Bedingung, dass das Ereignis B eingetreten ist:

38. ZE: Eine Zahl von 1 bis 100 wird zufällig ausgewählt.

   a) Modelliere das ZE und berechne die Wahrscheinlichkeiten folgender Ereignisse:
   - A: Die Zahl ist durch 5 teilbar.
   - B: Die Zahl ist durch 3 teilbar.

   b) Beschreibe das Ereignis $A \cap B$ mit Worten und berechne seine Wahrscheinlichkeit.

   c) Robin wählt eine Zahl aus und teilt mit, dass sie durch 3 teilbar ist. Mit welcher Wahrscheinlichkeit ist die Zahl auch durch 5 teilbar?

   d) Berechne die Wahrscheinlichkeiten und erkläre den Unterschied.
   - Wahrscheinlichkeit, dass die ausgewählte Zahl durch 8 und durch 3 teilbar ist;
   - Wahrscheinlichkeit, dass die ausgewählte Zahl durch 8 teilbar ist, wenn man weiß, dass sie durch 3 teilbar ist.

Conditional probability problems

Nützliche Rechenregeln:

(1) $P(A \cap B) = P(B) \cdot P_B(A) = P(A) \cdot P_A(B)$

(2) $P(A \cup B) = P(A) + P(B) - P(A \cap B)$

(3) $P(A) = P(A \cap B) + P(A \cap \overline{B})$

(4) $P(A) + P(\overline{A}) = 1$

39. Begründe die Rechenregel (1) in obigem Kasten.

40. Bei einem ZE gilt für zwei Ereignisse A und B:

$$P(A \cup B) = 0{,}7 \quad , \quad P(B) = 0{,}4 \quad \text{und} \quad P_B(A) = 0{,}3 .$$

a) Wie groß ist die Wahrscheinlichkeit, dass bei einem Versuch beide Ereignisse A und B eintreten?

b) Wie groß ist die Wahrscheinlichkeit des Ereignisses A?

c) Wie groß ist die Wahrscheinlichkeit des Ereignisses B unter der Bedingung A?

d) Wie groß ist die Wahrscheinlichkeit des Ereignisses A unter der Bedingung $\overline{B}$?

e) Berechne $P_B(A) + P_B(\overline{A})$.

41. Du wirfst zweimal einen Spielwürfel und stellst die Augenzahlen fest.

a) Modelliere das ZE.

b) Berechne die Wahrscheinlichkeit, dass die Augensumme 6 ist.

c) Berechne die Wahrscheinlichkeit, dass die Augensumme 6 ist, unter der Bedingung, dass beim ersten Wurf mehr als zwei Augen geworfen werden.

d) Wie groß ist die Wahrscheinlichkeit, dass die Augensumme 9 ist, unter der Bedingung, dass beim ersten Wurf weniger als drei Augen geworfen werden?

e) Wie groß ist die Wahrscheinlichkeit, dass die Augensumme mindestens 6 ist, unter der Bedingung, dass beim ersten Wurf mehr als vier Augen geworfen werden?

42. Matthias schießt mit dem Bogen auf die abgebildete Scheibe und interessiert sich für die erzielten Punkte. Da Matthias kein geübter Schütze ist, sind die Treffer gleichmäßig über die Scheibe verteilt. 10 % seiner Schüsse verfehlen die Scheibe (0 Punkte).

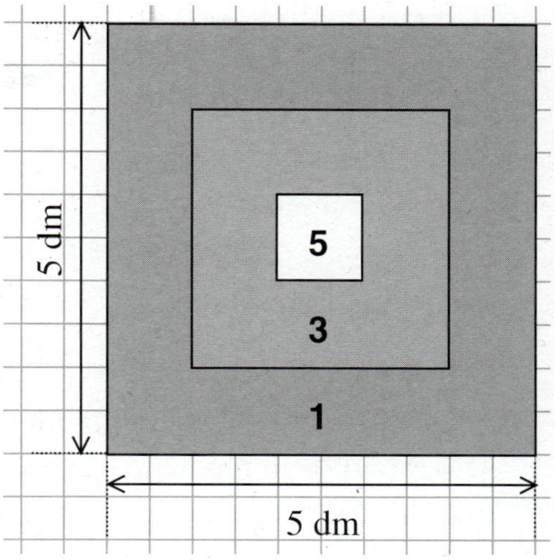

a) Betrachte das Ereignis

B: Matthias trifft die Scheibe.

Berechne für jedes Ergebnis ω die Wahrscheinlichkeit $P_B(\omega)$ unter der Bedingung B.

ω				
$P_B(\omega)$				
$P(\omega)$				

b) Berechne für jedes Ergebnis ω die Wahrscheinlichkeit $P(\omega)$.

c) Sarah ist eine gute Schützin: Bei 30 % ihrer Schüsse erzielt sie 5 Punkte, bei 42 % 3 Punkte und bei 24 % einen Punkt. Berechne für jedes Ergebnis die Wahrscheinlichkeit unter der Bedingung, dass Sarah die Scheibe getroffen hat.

43. ZE: Du wählst auf gut Glück eine Urne aus und ziehst daraus eine Kugel.

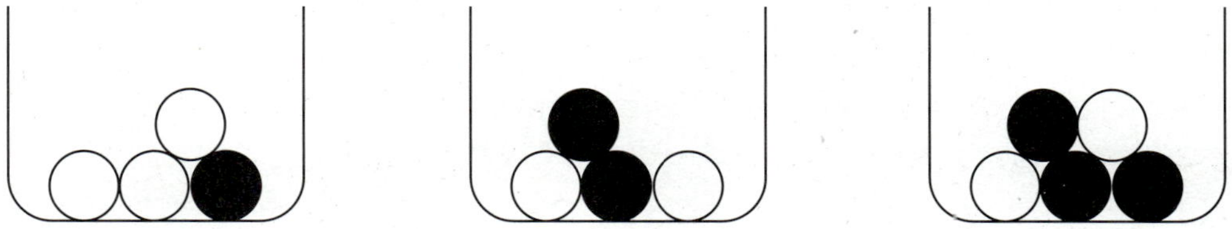

Nachstehende Abbildung zeigt das Baumdiagramm.

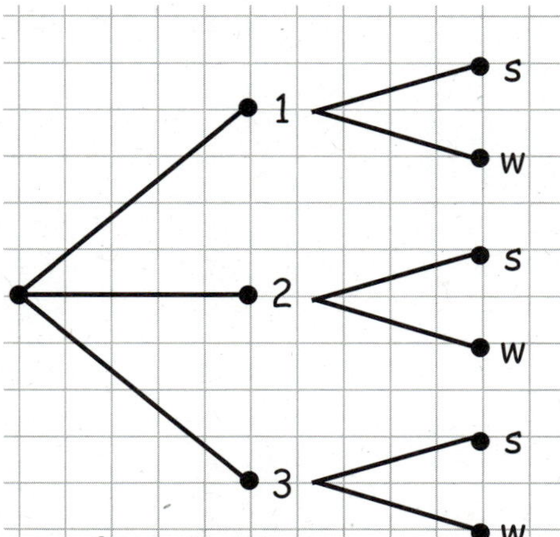

$\Omega = \{(1|s);(1|w);(2|s);(2|w);(3|s);(3|w)\}$

Ereignisse:

U_1: Die Kugel stammt aus Urne 1.

U_2: Die Kugel stammt aus Urne 2.

U_3: Die Kugel stammt aus Urne 3.

S: Die Kugel ist schwarz.

W: Die Kugel ist weiß.

Es gilt $W = \overline{S}$.

a) Beschreibe die angegebenen Ereignisse durch Mengen.

b) Schreibe an jeden Zweig des Baumes die Wahrscheinlichkeit, mit der er durchlaufen wird. Finde heraus, was diese Wahrscheinlichkeiten mit den Ereignissen U_1, U_2, U_3, S und W zu tun haben.

c) Berechne die Wahrscheinlichkeiten der Ereignisse S und W.

d) Daniela wählt verdeckt eine Urne aus, zieht daraus eine Kugel und zeigt sie Daniel. Daniel soll nun raten, aus welcher Urne die Kugel stammt. Wie würdest du entscheiden,

- wenn die Kugel schwarz ist,
- wenn die Kugel weiß ist?

e) Daniel erhofft sich eine Entscheidungshilfe durch die Berechnung von bedingten Wahrscheinlichkeiten. Welche Wahrscheinlichkeiten sollte er berechnen, wenn die gezogene Kugel schwarz ist? Führe die Rechnung durch.

f) Angenommen, die gezogene Kugel ist weiß. Berechne geeignete Wahrscheinlichkeiten und triff auf dieser Grundlage deine Entscheidung. Wie groß ist die Wahrscheinlichkeit für eine Fehlentscheidung?

44. **Vierfeldertafel**

Die Schüler der Klassenstufe 9 eines Gymnasiums wurden befragt, ob sie einen eigenen PC besitzen. Die folgende **Vierfeldertafel** zeigt das Befragungsergebnis.

	Jungen	Mädchen	Σ*
mit PC	45	32	
ohne PC	21	32	
Σ			

* Der griechische Buchstabe Σ (Sigma) steht für Summe.

ZE: Ein Schüler der Klassenstufe 9 (hier: Oberbegriff für Jungen und Mädchen) wird zufällig ausgewählt.

a) Berechne die Wahrscheinlichkeiten folgender Ereignisse:

J: Der Schüler ist ein Junge.

M: Der Schüler ist ein Mädchen.

C: Der Schüler besitzt einen PC.

b) Berechne die Wahrscheinlichkeit, dass der ausgewählte Schüler einen PC hat, unter der Bedingung,

- dass er ein Junge ist,
- dass er ein Mädchen ist.

c) Der Schüler Schmidt hat auf dem Fragebogen angekreuzt, dass er einen PC besitzt, aber seinen Vornamen nicht angegeben. Wie groß ist die Wahrscheinlichkeit, dass der Schüler ein Mädchen ist?

45. Die Klasse 9a hat 25 Schüler, die Klasse 9b 30 Schüler. In der 9a können 96 % der Schüler quadratische Gleichungen lösen, in der 9b nur 90 %.

a) Fülle die Vierfeldertafel aus.

	Klasse 9a	Klasse 9b	Σ
Gleichungslöser			
Nicht Gleichungslöser			
Σ			

b) ZE: Unter den Schülern beider Klassen wird zufällig einer ausgewählt. Berechne die Wahrscheinlichkeiten folgender Ereignisse:

A: Der Schüler ist aus der 9a.

B: Der Schüler ist aus der 9b.

L: Der Schüler kann quadratische Gleichungen lösen.

c) Welche Wahrscheinlichkeiten werden durch die Prozentangaben 96 % und 90 % beschrieben?

d) Die Klassen 9a und 9b vertreten die Schule gemeinsam bei einem Mathematik-Wettbewerb. Vera wird zufällig ausgewählt, um eine quadratische Gleichung zu lösen. Berechne die Wahrscheinlichkeit, dass Vera aus der 9a ist, unter der Bedingung,

- dass sie die Gleichung lösen kann,
- dass sie die Gleichung nicht lösen kann.

46. **Ereignisbaum**

In einer Lostrommel liegen viele nummerierte Kugeln:

70 % der Kugeln sind blau, die übrigen nicht.

10 % der blauen Kugeln tragen eine durch 8 teilbare Nummer, bei den anderen sind es 40 %.

Eine Kugel wird zufällig gezogen.

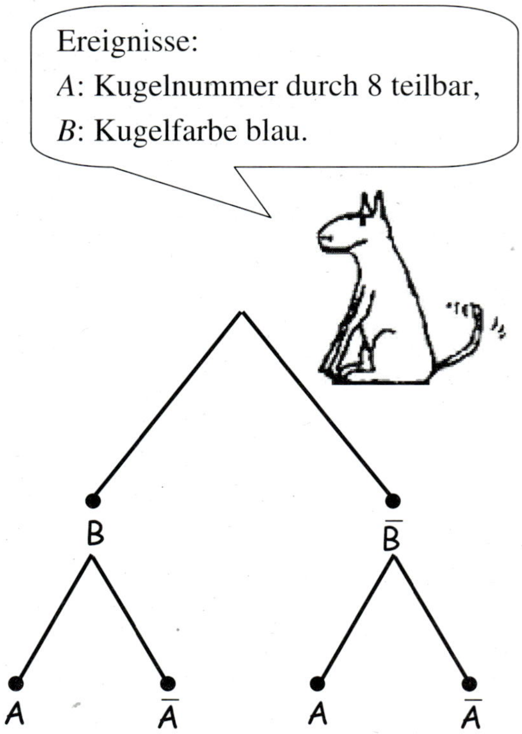

a) Welche Wahrscheinlichkeiten sind durch die Prozentsätze in der Aufgabenstellung gegeben?

b) In nebenstehender Abbildung ist der Sachverhalt mit einem **Ereignisbaum** veranschaulicht. Erkläre die Darstellung und schreibe die zugehörigen Wahrscheinlichkeiten an die Zweige.

c) Berechne die Wahrscheinlichkeiten der Ereignisse $B \cap A$, $\overline{B} \cap A$ und A.

- $P(B \cap A) = P(B) \cdot P_B(A) =$
- $P(\overline{B} \cap A) =$
- $P(A) =$

Kannst du diese Wahrscheinlichkeiten auch mit Hilfe des Ereignisbaumes berechnen?

d) Berechne mit Hilfe des Ereignisbaumes:

- $P(B \cap \overline{A}) =$
- $P(\overline{B} \cap \overline{A}) =$
- $P(\overline{A}) =$

Probe:

e) Gustav zieht eine Kugel und teilt mit, dass die Kugelnummer durch 8 teilbar ist. Mit welcher Wahrscheinlichkeit handelt es sich um eine blaue Kugel?

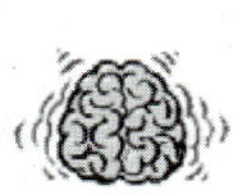

f) *Zum Weiterdenken*

Du möchtest die Lostrommel mit 1000 Kugeln bestücken. Stelle in einer Vierfeldertafel zusammen, wie viele Kugeln du von jeder Sorte nehmen musst.

47. **Musteraufgabe**

Peter fährt entweder mit dem Bus oder mit dem Fahrrad zur Schule. Aus Erfahrung weiß er, dass er mit dem Bus mit einer Wahrscheinlichkeit von 85 % weniger als 20 min braucht. Fährt er mit dem Fahrrad, braucht er sogar in 95 % der Fälle weniger als 20 min. Peter benutzt mit einer Wahrscheinlichkeit von 60 % das Fahrrad.

a) Berechne die Wahrscheinlichkeit, dass Peter an einem beliebigen Tag weniger als 20 min zur Schule braucht.

b) An einem Tag braucht er mindestens 20 min zur Schule. Wie groß ist die Wahrscheinlichkeit, dass er mit dem Bus gekommen ist?

Lösungsschritte (in deinem Heft):

① Von welchen Ereignissen ist die Rede?
Welche Wahrscheinlichkeiten sind gegeben, welche gesucht?

② Ereignisbaum zeichnen und die Wahrscheinlichkeiten der Zweige bestimmen.

③ Zur Berechnung der Wahrscheinlichkeit in a)
Additions- und Multiplikationsregel für Wege benutzen.

④ Zur Berechnung der Wahrscheinlichkeit in b)
die Formel für die bedingte Wahrscheinlichkeit und die Regeln für Wege benutzen.

48. **Falschgeld**

In den Fahrscheinautomaten der Saarbahn prüft ein Gerät die Geldscheine auf ihre Echtheit. Aus Erfahrung weiß man, dass etwa 0,1 % gefälschte 20 €-Scheine im Umlauf sind. Einen falschen Schein erkennt das Gerät mit 95 %iger Sicherheit. Leider gibt es auch bei einem echten Schein in 10 % der Fälle Blinkalarm.

a) Um eine Karte zu kaufen, führst du einen 20 €-Schein in den Fahrscheinautomaten ein. Der Automat beginnt zu blinken und weist den Schein zurück. Wie groß schätzt du die Wahrscheinlichkeit, dass der Schein gefälscht ist?

Deine Schätzung:

b) Berechne mit Hilfe eines Ereignisbaumes die Wahrscheinlichkeit, dass der 20 €-Schein, der den Blinkalarm ausgelöst hat, echt ist.

c) Überrascht dich das rechnerische Ergebnis? Wodurch ist es zu erklären?

49. **Berufseignungstest**

Sandra möchte wissen, ob sie für einen bestimmten Beruf geeignet ist. Sie geht zur Berufsberatung und unterzieht sich einem speziellen Berufseignungstest.

Aus der Testentwicklung ist bekannt: 50 % aller Teilnehmer bestehen den Test und 80 % von denen, die für den Beruf geeignet sind. Aus Erfahrung weiß man, dass sich etwa 60 % der Jugendlichen für den Beruf eignen.

a) Sandra besteht den Test und wird als geeignet eingestuft. Wie sicher ist die Vorhersage?

b) Sandra besteht den Test nicht. Wie groß ist die Wahrscheinlichkeit, dass sie dennoch für den Beruf geeignet ist?

50. **Sportlich**

In einem Betrieb sind 60 % Männer beschäftigt. Von den Betriebsangehörigen treiben 70 % regelmäßig Sport. Unter den weiblichen Betriebsangehörigen ist der Anteil der Sportler nur 40 %. Ein Betriebsangehöriger wird zufällig ausgewählt.

a) Welche Wahrscheinlichkeiten sind durch die Prozentsätze in der Aufgabestellung gegeben?

b) Erkläre die Bedeutung der Wahrscheinlichkeiten $P(M \cap S)$, $P_M(S)$ und $P_S(M)$ und berechne sie.

Ereignisse:
M: Mann ausgewählt,
F: Frau ausgewählt,
S: Sportler ausgewählt.

51. **Todesurteil?**

Ein Mann in der vollen Blüte seiner Jahre unterzieht sich einer ärztlichen Vorsorgeuntersuchung. Mit besorgter Miene teilt ihm der Arzt das Ergebnis mit: Es bestehe der Verdacht auf eine seltene lebensbedrohliche Erkrankung.

Im anschließenden Gespräch erklärt ihm der Arzt folgendes: Die Erkrankung tritt bei etwa 1‰ der Männer auf. Der Test ist recht zuverlässig: Ist eine Person wirklich erkrankt, so fällt der Test in 95 % der Fälle positiv aus (d. h. er zeigt die Krankheit an). Allerdings zeigt er auch bei Gesunden in 2 % der Fälle irrtümlich eine Erkrankung an.

Auf dem Heimweg lässt sich der Mann dies alles noch einmal durch den Kopf gehen und fragt sich, mit welcher Wahrscheinlichkeit er denn nun wirklich krank ist.

Kannst du ihm helfen?

52. **Ziegenproblem**

Du nimmst an einer Spielshow im Fernsehen teil, bei der du eine von drei verschlossenen Türen auswählen sollst. Hinter einer Tür wartet der Preis, ein Auto, hinter den beiden anderen stehen Ziegen. Du zeigst auf eine Tür, sagen wir Nummer eins. Sie bleibt vorerst verschlossen. Der Moderator weiß, hinter welcher Tür sich das Auto befindet. Mit den Worten „Ich zeige dir mal was." öffnet er eine andere Tür, zum Beispiel Nummer drei, und eine meckernde Ziege schaut ins Publikum. Er fragt: „Bleibst du bei Nummer eins oder wählst du Nummer zwei?"

a) Stellst du dich schlechter, wenn du wechselst, ist es von Vorteil zu wechseln oder sind deine Gewinnchancen gleich, egal ob du wechselst oder nicht?

Der Softfrutti-Hund hilft dir beim Einstieg.

b) *In der Klasse:* Mit Hilfe von Spielkarten kann man die Spielsituation simulieren. Der Moderator mischt drei Spielkarten (z. B. Herz Ass für das Auto und die beiden schwarzen Zehner für die Ziegen) und hält sie anschließend so, dass der Kandidat nicht sehen kann, wo sich welche Karte befindet. Nachdem der Kandidat auf eine Karte gezeigt hat, dreht der Moderator eine der beiden anderen Karten (nicht das Ass) um. Der Kandidat kann nun bei seiner ersten Wahl bleiben oder sich umentscheiden.

Spielt die Situation mehrmals durch und protokolliert die Versuchsergebnisse.

Ereignisse:
A_1: Auto hinter Tür 1,
A_2: Auto hinter Tür 2,
A_3: Auto hinter Tür 3,
B: Moderator öffnet Tür 3.

Unabhängige Ereignisse

53. ZE: Das abgebildete Glücksrad mit zwölf gleich großen Sektoren wird einmal gedreht.

    Bedingung B:

    Der Zeiger bleibt im dunklen Bereich stehen.

    a) *Mündlich:* Modelliere das ZE.

    b) Berechne die Wahrscheinlichkeit des Ereignisses C: Der Zeiger bleibt auf einer Primzahl stehen.

    Verändert sich diese Wahrscheinlichkeit, wenn du weißt, dass das Ereignis B eingetreten ist?

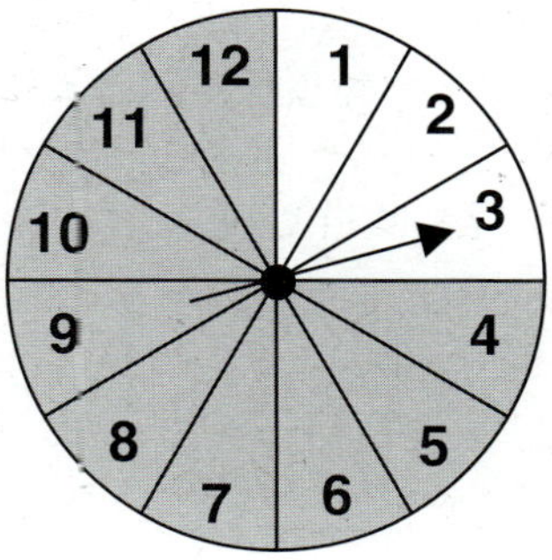

    c) Berechne die Wahrscheinlichkeit des Ereignisses A: Der Zeiger bleibt auf einer durch 3 teilbaren Zahl stehen. Verändert sich diese Wahrscheinlichkeit, wenn du weißt, dass das Ereignis B eingetreten ist?

    d) Vertausche die Rollen von A und B. Was stellst du fest?

    e) Finde weitere Ereignisse E mit $P_B(E) = P(E)$. Vertausche auch hier die Rollen von E und B.

54. Gegeben sind ein ZE und zwei Ereignisse A und B mit von 0 verschiedenen Wahrscheinlichkeiten.

    a) Vervollständige den Beweis.

Behauptung: $P_B(A) = P(A) \Leftrightarrow P_A(B) = P(B)$

Beweis:

$$P_B(A) = P(A) \quad \Leftrightarrow \quad \frac{P(A \cap B)}{P(B)} = P(A)$$

$$\Leftrightarrow \quad P(A \cap B) = P(A) \cdot P(B)$$

$$\Leftrightarrow$$

b) Ergänze.

Für zwei Ereignisse A und B mit P(A), P(B) > 0 sind folgende Aussagen äquivalent:

1)

2)

3)

Wenn eine der Bedingungen erfüllt ist, heißen die Ereignisse A und B **unabhängig**.

55. Du ziehst aus einem Skatspiel eine Karte und stellst den Kartenwert fest. Betrachte die folgenden Ereignisse.

A: Es wird eine Pik-Karte gezogen.

B: Es wird ein Ass gezogen.

C: Es wird eine schwarze Karte gezogen.

D: Es wird ein Bild gezogen.

a) *Mündlich:* Modelliere das ZE.

b) Stelle eine Vermutung über die Unabhängigkeit der Ereignisse A und B auf. Überprüfe die Vermutung durch Rechnung.

- Vermutung:
- Rechnung:
- Ergebnis:

c) Verfahre ebenso mit den übrigen Paaren von Ereignissen (also A und C, A und D, ...).

56. Du ziehst aus einer Urne mit sieben roten und drei weißen Kugeln nacheinander zwei Kugeln **ohne Zurücklegen** und stellst ihre Farben fest.

a) Modelliere das ZE mit Hilfe eines Ergebnisbaumes.

b) Betrachte die folgenden Ereignisse.

A: Die erste Kugel ist rot.

B: Die zweite Kugel ist weiß.

Stelle eine Vermutung über die Unabhängigkeit der Ereignisse A und B auf und überprüfe die Vermutung durch Rechnung.

c) Was ergibt sich, wenn du die Kugeln **mit Zurücklegen** ziehst?

57. Bei der Herstellung von Kristallgläsern treten zwei Fehler auf: Die Gläser können Luftbläschen oder Verfärbungen aufweisen. Die **Vierfeldertafel** zeigt, mit welcher Häufigkeit die Fehler in einer Tagesproduktion aufgetreten sind.

	Farbfehler	kein Farbfehler	Σ
Luftbläschen	9	82	91
keine Luftbläschen	50	459	509
Σ	59	541	600

Überprüfe, ob die Annahme gerechtfertigt ist, dass die beiden Fehler unabhängig voneinander auftreten.

58. a) Bei einem ZE gilt für zwei unabhängige Ereignisse A und B:

$$P(A)=\frac{2}{3} \quad \text{und} \quad P(B)=\frac{3}{4}.$$

Berechne die Wahrscheinlichkeiten folgender Ereignisse:

- Beide Ereignisse treten ein.
- Mindestens eines der Ereignisse tritt ein.

b) Bei einem ZE gilt für zwei Ereignisse A und B:

$$P(A\cap B)=0{,}48 \quad , \quad P(A\cap \overline{B})=0{,}32 \quad \text{und} \quad P(\overline{A}\cap B)=0{,}12\,.$$

Untersuche, ob die Ereignisse A und B unabhängig sind.

59. a) Marius macht folgende Rechnung:

Seien A und B unabhängige Ereignisse.

$P_B(\overline{A}) = 1-P_B(A) = 1-P(A) = P(\overline{A})$

Begründe die Rechenschritte. Welchen Satz hat Marius bewiesen?

b) Zeige: Sind die Ereignisse A und B unabhängig, so gilt dies auch für die Gegenereignisse $\overline{A}$ und $\overline{B}$.

60. **Lebenserwartung**

Ein 35-jähriger Mann heiratet eine zehn Jahre jüngere Frau. Für den Mann besteht eine Wahrscheinlichkeit von etwa 90 %, noch mindestens 20 Jahre zu leben, für die Frau beträgt diese Wahrscheinlichkeit 97,5 %.

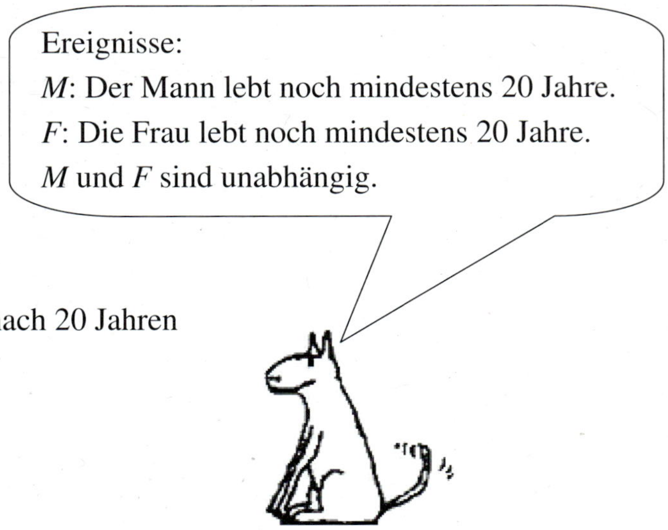

Berechne die Wahrscheinlichkeit, dass nach 20 Jahren

a) beide noch leben,

b) mindestens einer noch lebt,

c) nur die Frau noch lebt,

d) nur der Mann noch lebt.

61. **Überlebenschance**

Zwei Jäger schießen gleichzeitig auf einen Hasen. Der erste Jäger trifft (= Ereignis A) mit der Wahrscheinlichkeit 0,3, der zweite Jäger trifft (= Ereignis B) mit der Wahrscheinlichkeit 0,5.

a) Wie groß ist die Wahrscheinlichkeit, dass beide Jäger treffen?

b) Wie groß ist die Überlebenschance des Hasen?

62. **Zuverlässigkeit**

Um die Zuverlässigkeit eines Autos zu erhöhen, wird ein wichtiges elektronisches Modul doppelt eingebaut. Erst wenn beide Module ausfallen, ist das Auto fahruntüchtig. Das Modul arbeitet innerhalb eines Jahres mit der Wahrscheinlichkeit p störungsfrei.

a) Zeige: Die Wahrscheinlichkeit, dass das Modulpaar innerhalb eines Jahres keine Panne verursacht, beträgt $2p - p^2$.

b) Der Hersteller würde gerne mit dem Modulpaar eine Zuverlässigkeit von 99 % erreichen. Wie groß muss die Zuverlässigkeit p eines Moduls sein?